ジョナサン・シュワビッシュ《Jonathan Schwabish》
高橋佑磨《Yuma Takahashi》・片山なつ《Natsu Katayama》 監訳
小川浩一《Koichi Ogawa》 訳

できる研究者のプレゼン術

Better Presentations

スライドづくり、話の組み立て、話術

講談社

BETTER PRESENTATIONS:
A Guide for Scholars, Researchers, and Wonks
by Jonathan Schwabish

This Japanese edition is a complete translation of the U.S. edition,
specially authorized by the original publisher, Columbia University Press
through Japan UNI Agency, Inc., Tokyo.

無限のひらめきと幸せのみなもと、
ローレン、エリー、ジャックに。

目次

第 II 部

プレゼンテーションの制作

謝辞

プレゼンテーションに関する本は、みずから数多くのプレゼンを実践し、数々の失敗を重ねてきた者にしか書けない。また、プレゼンーションについてのすぐれた本は、何度となくプレゼン会場に足を運び、すぐれたプレゼンに数多く接してきた者にしか書けない。だから、私のプレゼンを聞きに来てくれたすべての人たち、私がプレゼンを聞きに行ったすべての人たちに感謝する。また、私のプレゼンテーションや記事に対してフィードバックや助言を提供してくれた人たちには、とくに感謝している。

まず、コロンビア大学出版局にお礼申し上げる。担当の編集者ブリジット・フラナリー＝マッコイがいなければ、本書は実現しなかった。彼女は持ち前の忍耐力と集中力と思慮深さで、聴衆に向けた文章の書き方を教えてくれた。

信頼できる助言者であり生涯の師である、ロバート・ヘイヴマンとティム・スミーディングにも深く感謝する。

研究コミュニケーションに関する私の研究を支えてくれた多くの人たちにもお礼を言いたい。グレッグ・アクス、モリー・ダール、ダグ・エルメンドーフ、ジョイス・マンチェスター、チャールズ・ピネレス＝マーク、ジョン・サベルハウス、マイケル・シンプソン、ティム・スミーディング、ジュリー・トポレスキー、それから、連邦議会予算事務局とアーバン・インスティテュートをはじめ、私がともに仕事をしてきた同僚ならびに顧客の方々。

データ可視化およびプレゼンテーションの分野で、有益なフィードバックや助言、専門知識を提供してくれた仕事仲間にも感謝している。アルベルト・カイロ、イサーク・カスティージョ、ステファニー・エヴァーグリーン、スティーヴン・フランコネリ、トニー・フューズ、ノーラン・ハイムズ、コール・ヌッスバウマー・ナフリック、ロバート・コサラ、ティム・ミコ、デイヴィッド・パラディ、セベリノ・リベッカ、ロバート・シモン、エコー・スウィンフォード、ジュリー・ターバーグ。さらに、私のブログPolicyVizの読者、ソーシャルメディアなどの多彩なフォロワーや仲間たちにもありがとうと言いたい。みなさんとは、いつか実生活でお目にかかりたいと思っている。

最後に、親友と家族の助力なくしては、本書の執筆に必要なエネルギーと集中力を保ち続けることはできなかっただろう。わが子のエリーとジャックは、つねにひらめきと幸せのみなもとだった。

そして、妻のローレンに心からの感謝を。彼女には、誰よりも多くの原稿、ブログ記事、論文に目を通してもらった。本書が完成したのは、彼女の愛情、支え、導き、知性のおかげである。

序論

新しい研究プロジェクトに取りかかるときは、大学教授であれシンクタンク研究員であれ、大学院生であれ民間企業のアナリストであれ、たいてい次の3つのステップを踏むことになるだろう。

STEP 1：わからないことがある。先行研究を読み、データを集めて分析する。それから、数日、数週間、あるいは数ヵ月を費やして、概要報告書、背景報告書、技術報告書、雑誌論文、書籍の草稿を書く。仕事仲間にフィードバックを求め、発行元の関心を探る。修正を重ね、完成した原稿を提出する。受理され、ついに出版。

STEP 2：出版された論文が読まれるにつれて、さまざまな機関、学校、組織、学会から講演依頼が届き始める。プレゼン資料を作成してプレゼンテーション（口頭発表）の準備を始める。論文からテキストの一部を抜き出して、箇条書きにする。図1をコピーして貼り付ける。図2と表1、2、3を追加する。さらに箇条書きを追加する。論文の参考文献リストを使って「先行研究」というタイトルのスライドを追加する。最後に「質疑応答」または「ご清聴ありがとうございました」とだけ書いたスライドを追加する。これで一丁上がり！わずか数時間で完成だ。あとは講演会場に出向くだけ。

STEP 3：講演会場で、10人、50人、300人、あるいは5000人の聴衆の前に立つ。なかには論文を読んでいない人も多く、論題にくわしくない人もいるかもしれない。この場は、自分の仮説やデータ、メッセージを人々に理解してもらう絶好の機会であり、人脈を広げ、将来の共同研究者や資金提供者を見つけるチャンスでもある。さらには、企業や政府の意思決定者や政策立案者を説き伏せて、自分の提案を採用してもらう機会でさえあるかもしれない。にもかかわらず、どうすればプレゼンの結論を効果的に提示できるのか、どうすれば聴衆に研究の結果や方法、提案に採用すべき価値があることを理解してもらえるのか、といった配慮はほとんど何もしてこなかった。

本書では、このプロセスのSTEP 2とSTEP 3を再検討する。いったん論文が出版されれば、この流れは止まらない。プレゼンテーションは研究成果を「売り込む」いい機会だ。「売り込む」とは、人々を自分の側に引き寄せることにほかならない。結論に同意してもらい、方法論やデータを理解してもらい、そのなかには聴衆の研究に利用できたり、聴衆の仕事や生活に影響を与えたりするものがある、と伝えることだ。

論文を読むときは、脚注などの注釈、その他の関連事項を自由に参照できる。グラフのラベルを解読することもできるし、数式を読み解くことさえできるかもしれない。しかし、プレゼンテーションを聞くときは、そういうわけにはいかない。聴衆は、発表者のペースと発表者が選んだ内容にしたがうほかないのだ。スライドがテキスト、箇条書き、数式、複雑で詳細なグラフといったもので埋めつくされていると、聴衆はスライドの内容を追うのに忙しく、発表者のメッセージを聞き逃すおそれがある。これでは聴衆のためのスライドとはいえない。たんに発表者が自分の使いやすいようにつくっているだけだ。

次の金言を心に留めておこう。**プレゼンテーションは、文書とは根本的に異なるコミュニケーション手段である**。プレゼン資料を論文と同じようなものとして扱うと、つまり、論文のテキストをそのまま箇条書きに移し変えたり、論文の図表をそのままスライドにコピー&ペーストしたりすると、この重要なちがいが失われ、聴衆は「PowerPointによる死」を迎えることになる。この方法では、間違いなく失敗する。デイヴィッド・パラディが毎年実施しているオンライン調査の結果によると、プレゼンテーションで聴衆にきらわれることのトップ3は、毎年変わらず、①講演者がスライドを読み上げる、②スライドに長めの文章が含まれている、③文字が小さすぎる、だ。講演者がテキストだらけのスライドを使ってだらだらしゃべり続け、箇条書きの文章のひとつひとつをこと細かに説明していくのを適当に聞き流してしまった――そんな経験が誰にでもあるはずだ。にもかかわらず、多くの研究者、アナリスト、科学者、学者は、プレゼンのたびに同じことを繰り返している。たとえ、世界中を講演して回るなどという願望がなくても、聴衆に配慮したプレゼンテーションをおこなえば、研究内容を少しでもよく理解してもらえて、将来のビジネスパートナーや資金提供者からの見返りも期待できるかもしれないのに。

序論

みなさんが多忙なのは承知している。目指すべきは、すばらしい分析をすることであって、スライドの「見栄えをよくする」ことではない。だから、自分独自のカラーパレットを作成したり、最適な画像をインターネットで探し回ったり、まったく新しいデザイン技法を習得したり、などということをしているひまはない。そう思う方が多いだろうこともわかっている。本書は、みなさんをグラフィックデザイナーにするための本ではない。ただし、洗練されたすばらしいデザインを見分けられるようになれば（そして、好きなものだけでなく、きらいなものも活用できるようになれば）、すぐれたデザインの基本的特徴（色、フォント、レイアウトなど）がある程度わかるようになり、それらを自分のプレゼンテーションに活かせるようになるだろう。本書が目指すのは、効果的なスライドを作成すべき理由と、それをすばやく簡単におこなえる方法を示すことだ。

多くの研究者は、よりよいプレゼン資料を作成するという発想を受け入れたがらない。「プレゼン資料は美術品ではない。研究の成果を他人に伝え、データと方法についてのフィードバックを得るためにこそ存在している」というわけだ。一部の専門分野では、不用品だらけの雑然としたスライドが一般的であり、その分野の新人は、環境に溶け込もうとして、そうした外観を踏襲してしまう。効果的な情報伝達のことなど、ほとんど誰も気にしていないのだ。しかし、長年の慣習がいつも正しいとはかぎらない。明快さこそが最優先事項であるべきだ。たとえば、多くの研究者がLaTeXという組版プログラムを好む理由のひとつは、複雑な数式や記号などを、ゆったりとして読みやすい、きれいなレイアウトで表示できるからだ。プレゼンテーションにもこれと同じ明快さを取り入れるべきだと思う。スライドが不用品だらけで整理されていないと、たとえ聴衆全員が発表者と同じ分野の専門家であっても、発表内容に集中するのが困難になる。よりよいプレゼン資料を制作し、よりよいプレゼンテーションを実施するというのは、「見た目をきれいにする」ことではなく、情報伝達の仕組みを理解し、意識的な（そしてしばしば単純な）デザインの選択こそが情報伝達に役立つという事実を認識することだ。私は、研究者が自分の研究の伝え方を大幅に改善できると信じており、本書はそうした改善への第一歩である。

本書は、研究者やアナリストや学者、政策専門家、大学教授など、研究論文を公表し、聴衆相手に研究発表をする立場の人をおもな対象にしている。データの収集や処理をおこない、その分析結果を発表する立場の人であれば、本書が役に立つだろう。それ以外の発表者にも役立つことを願っているが、プレゼンテーションに関して独自の難題を抱えているのが研究者なのだ。とりわけ高度な技術的成果を伝達したり、複雑なデータを効果的に提示したりするのは難しい課題だ。本書では、これらの問題に対処する戦略を提示する。

聴衆に配慮したプレゼン資料を目指すにあたっては、以下に示す3つの指針が重要になる。

第1の指針は、コンテンツを**可視化**することだ（**図0.1**）。人間は、目と脳を連携させ、言葉だけでなく絵も使ったほうが、情報をよく理解し保持できる（これは「画像優位性効果」と呼ばれている）。多くの研究を通して、人間がどのようにして単語、カテゴリー、文章を思い出すのか、また、その想起はどれほどすばやく正確になされるのか、を調べる実験が繰り返されてきた。視覚的に提示された情報のほうが想起・認識しやすくなるというメカニズムの詳細はまだ議論の的だが、言葉（文字と音声）に対する画像の優位性については、ほぼ同意が得られている。ビジュアル要素の力を活用すれば、発表者はすぐれたデザインのスライドを作成し、データの可視化を進めることができるので、聴衆は発表者の発言内容をよりよく記憶し理解できるようになる。

第2の指針は、プレゼンテーションの各要素を**統一**することだ(**図0.2**)。これはつまり、色やフォントの使い方における一貫性、スライドの書式設定における一貫性、発表者が話す内容とスクリーンに表示される内容の統合における一貫性を意味する。スライドにおけるデザインの目的は、プレゼンテーションを「わかりやすい」ものにするという名目で、研究内容を犠牲にして「やさしく噛《か》み砕く」ことではなく、色や画像やレイアウトを活用して、聴衆が発表者の研究内容をよりよく理解できるような形に仕上げることだ。色やフォントや雰囲気にまとまりのない乱雑なスライドをはさみ込むと、プレゼンテーションの流れが妨げられ、情報の流れやコンテンツを吸収する聴衆の能力がそこなわれるおそれがある。話す内容と話し方（雰囲気、感情、熱意）が一貫していれば、聴衆は発表者とかかわりやすくなり、メッセージを理解しやすくなる。プレゼンテーションにおけるスライドは、発表者を支えるためのものであって、発表者に代わるものではない。この統合は、詳細なグラフや複雑な数式を表示する際にとくに重要になる。発表者は、これらのビジュアル要素を活用しながら、口頭での発言によって聴衆を導くべきであり、聴衆に遠くからスライドの細部を読むことを求めるべきではない。

最後は、聴衆の注意を特定のポイントに**集中**させることだ（**図0.3**）。これがもっとも重要な指針だろう。各スライドにむやみに多くの情報を詰め込むのではなく（多くの発表者がそうしているが、それはそのほうが簡単で、言い忘れがないように各要点を確認できるからだ）、いつでも必要な場所に注意を向けられるように、スライドから不用品を省き、すっきりした状態にしておこう。そもそも集中力をまったく切らさずにプレゼンを聞き続けるのは難しいが、最近は、テクノロジーの進歩によって今まで以上に気が散りやすくなっている。なにしろ指をさっと動かせば、スマートフォンでメールを見られるのだ。本書で論じるテクニックの多くは、スライド上のテキストやデータや画像であれ、口頭で語られる情報であれ、ある特定のポイントに聴衆の注意を集中させることによって、彼らの関心を発表者からそらさないようにすることを目指している。

これら3つの指針の目的はどれも、聴衆がすばやく簡単に情報を得られるようにすることだ。すぐれたデザインのスライドを作成し、発言内容をビジュアルと組み合わせれば、本当に重要なメッセージに聴衆の注意を集中させられる。そうすれば、聴衆はスクリーン上に配置されたものをいちいち解読し、それらが発表者の言おうとしている内容とどういう関係にあるのかを推測することにエネルギーと集中力を浪費する必要

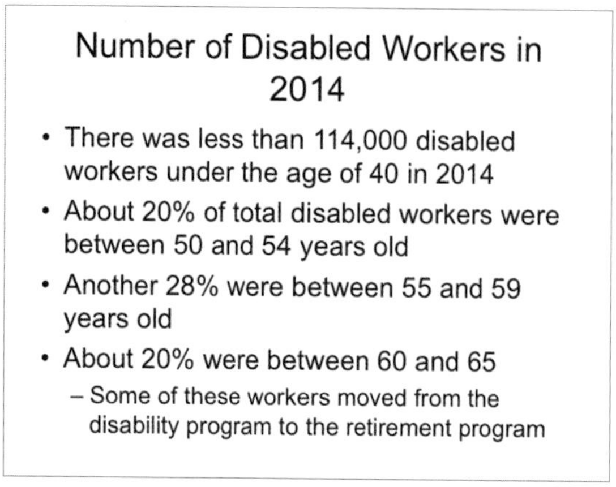

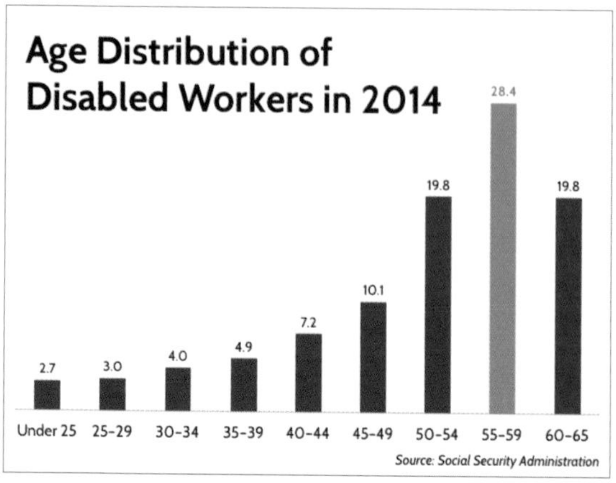

図0.1　コンテンツを可視化する

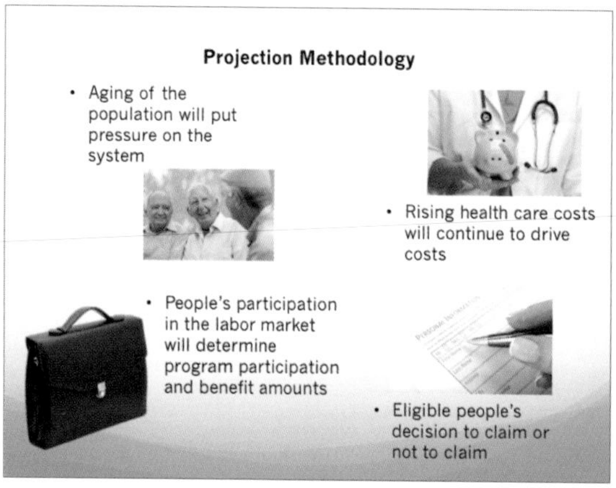

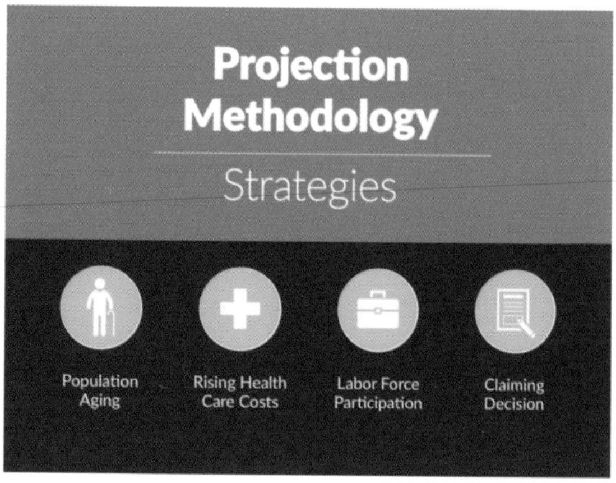

図0.2　スライド内の要素を統一する。また、プレゼン全体でも要素を統一する

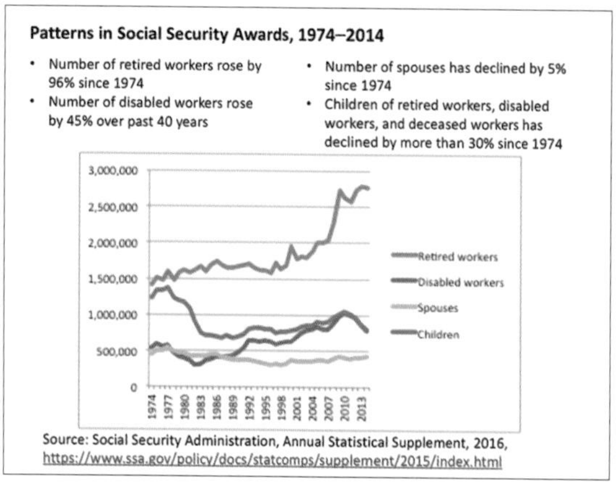

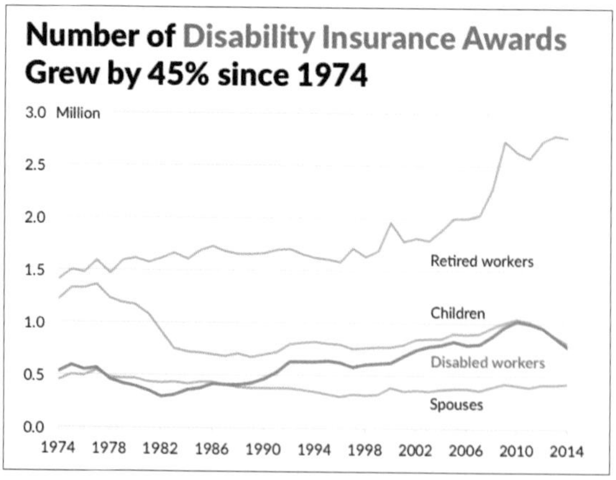

図0.3　聴衆の注意を発表者の望む場所に集中させる

もなくなる。

本書の「ハウツー」部分は、多くの場合、どんなプレゼンソフトにも一般化できるようにしてあるが、具体的に説明を加える場合は、おもにPowerPoint 2013 のWindows 版を参照している✐。それ以外のバージョンのPowerPoint と、Keynote やBeamer、Prezi などのプレゼンソフトには、独自のメニューやオプション、テクノロジーが備わっているかもしれない。とはいえ、ほとんどのユーザーにとって、スライドのデザインとプレゼンの実施についての核となる機能は、基本的にどのソフトウェアやプラットフォームでも共通だ。どのツールを使用しても、オペレーティングシステムやバージョンのちがいに関係なく、同様の戦略を適用できる。どんな場合も、データを可視化し、テキストボックスと画像を配置・整列させ、一貫したカラーパレットを導入する、という作業が不可欠なことには変わりがない。結局のところ、すぐれたプレゼンテーションをつくり上げるのは、ツールではなく、使い手なのだ。

✐翻訳にあたり、一部の図はバージョンの異なるPowerPoint（日本語版）の画像に差し替えた。

本書は、PowerPoint の機能を網羅的に解説しているわけでも、効果的なスライドの作成に役立つ素材サイトやツールをもれなくリストアップしているわけでもない。これらについてのくわしい情報は、本書の参考サイト🌐を参照してほしい。そこには、プレゼンのスキルとデザインに関する素材サイトやツール、書籍などの最新リストが置いてある。また、本書で扱えなかったPowerPoint とデザインに関する項目についての解説も追加しておいた。PowerPoint スライドのサンプルも用意したので、ダウンロードすれば、自分のコンテンツに合わせて自由に加工・修正できる。

🌐www.policyviz.com/better-presentations

本書は、プレゼンテーションのプロセスをたどる3部構成（立案、制作、実施）になっている。第I部（第1～3章）では、プレゼンテーションの立案について扱う。パソコンを起動後、いきなりスライドにテキストやグラフや画像を挿入するのではなく、計画を練り、骨子をつくり、草案を書いてみることから始めるべきだ。第I部の目的は、スライドの制作を始める前に核となる内容を決定し、その情報を聴衆に伝えるもっとも効果的な方法を戦略的に考えることにある。この部の各章では、適切で調和のとれた色、最小限のテキスト、効果的なフォントなど、スライドの外観を統一するための素材サイトやツールも紹介している。

第II部（第4～7章）では、プレゼンテーションの制作について説明する。まずは、テキストや箇条書きだらけの重苦しいスライドを卒業し、テキスト、グラフ、画像を組み合わせて使用することの意義を説明する。この部の各章では、すぐれたスライドデザインの具体例を示し、聴衆の注意を必要な場所に集中させるテクニックを紹介する。また、データを可視化し、発言内容と表示内容を統一するための戦略についても述べる。

第III部（第8～9章）では、実際にプレゼンテーションをおこなう際の実践的な詳細を取り上げる。これらの章では、練習することがどうしてコミュニケーションの向上につながるのか、プレゼンの長さはどれくらいにすべきか、どうすれば発言中に聴衆の関心を引きつけておけるか、などについて説明する。また、パソコンをプロジェクターに接続するときに生じるおそれのある技術的な問題についても検討する。最後に、配布資料やインターネット配信など、さまざまな目的ごとに異なるバージョンのスライドを作成する方法について取り上げる。

本書で想定しているプレゼンテーションは、学科のセミナー、学会やワークショップでの研究発表、学部や大学院での講義、同僚や役員、資金提供者、理事会メンバーへの概要報告、といった種類のものだ。また、本書で提案する方法は、とくにデータを扱う人に適している。データを扱う人は、たいていの場合、（グラフ、統計や回帰係数の表、現象の記述に不可欠な微分方程式などを表示するために）スライドを使う必要があるからだ。ただし、ビジュアル要素が不要な場合もある。聴衆との簡単な会話で済む場合は、あえてスライドを使う必要はない。たとえば、大学の卒業式に招かれた講演者はPowerPointを使っているだろうか。同様に、学会の基調講演や同僚との内輪の研究会などでも、スライドは不要かもしれない。

自分のプレゼンテーションにスライドは必要ないと判断された方には、本書の最初（プレゼンの立案について論じている箇所）と最後（演説のテクニックを扱っている箇所）がとくに有益かと思う。この2つの箇所は、プレゼンテーションのスキルを伸ばし、実践のテクニックを磨くのに役立つ。とはいえ、本書の大部分は、プレゼンを戦略的に組み立てることが重要な理由と、それを効果的におこなう方法を示すことに割かれている。

第1章
第III部

第 I 部

プレゼンテーションの立案

第1章 理論、計画、デザイン

プレゼンテーションに取りかかるときは、いきなりパソコンを起動してプレゼン資料をつくり始めたりしないこと。まずは整理から始めよう。大まかな骨子を考え、メモやスケッチの形で書き出してみるのだ。これはあくまで暫定的なものであって、この先、修正や編集をしないというわけではない。経験者ならご存知のように、スライドの草稿を作成後、何度も変更や訂正、追加、削除を重ねて、ようやく決定稿にたどり着く。実際に言葉や絵を使って草案をつくることはしないにしても、スライドをつくり始める前にしっかり計画を練るという理念はもっていてほしい。小学校では、読書感想文を書き始める前に、骨子を組み立て、構想を練るように、と教わったはずだ。論文を書くときは、骨子を固め、計画を練ることに注意を払うのに、プレゼンテーションの場合は、どうして何の準備もなしに、いきなり制作し始めようとするのだろう。

砂時計構造

スライドの制作を始める前にプレゼンテーションの計画を練ることは、プレゼンテーションの構造と論文の構造のちがいを考えてみるいい機会にもなる。論文を書く場合には、序論から始めて、先行研究を列挙し、データと方法を論じ、結果を説明し、結論を引き出す、といった論文独自の基本構造がある。しかし、スライドをつくり始めるときは、論文の基本構造を安易になぞろうとしてはならない。イメージ的には、この論文の構成はピラミッド——まずは小さなポイントから始めてそれを少しずつ肉づけしていき、最後に大局的見地から眺めて結論とメッセージを述べる——に似ている（**図 1.1**）。

ピラミッド構造の欠点は、すぐには聴衆の関心を引かないことだ。時間とともに情報が増えていく構造なので、聴衆はのちほど明らかになる重要な結論や推奨事項をすぐに手に入れることができず、プレゼンがどこに向かっているのかを知るためにただ待っていなければならない。研究の結論や意義をあらかじめ知らされていないと、聴衆には、さまざまなピース（先行研究、データ、方法）がどのように組み合わさるのかがわ

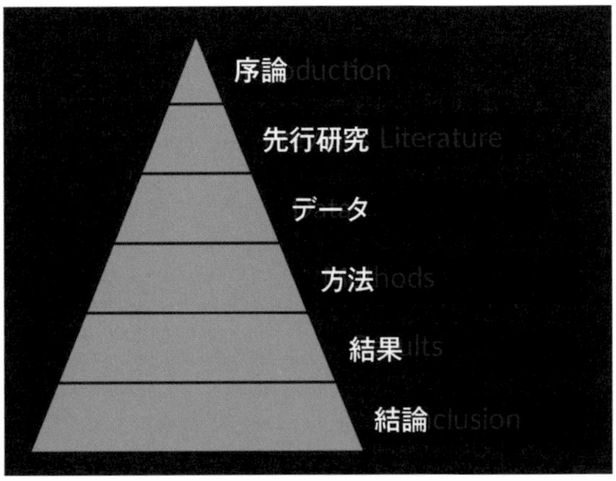

図1.1　一般的な研究発表ピラミッド

序論から始めて、先行研究を紹介し、
データと方法を論じ、
結果を再検討し、結論を引き出す。

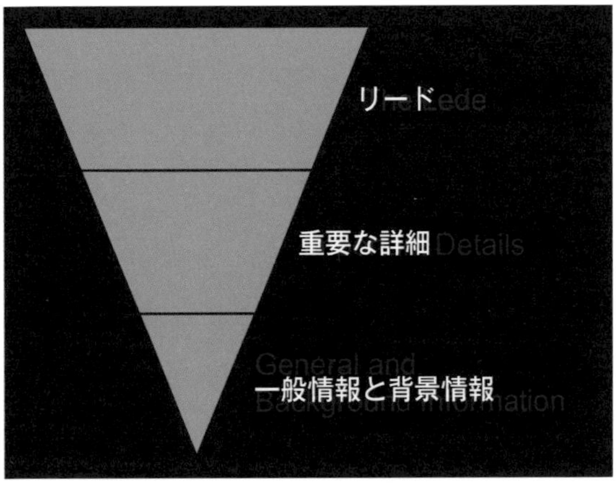

図1.2　ジャーナリズムの逆ピラミッド

導入部でもっとも重要な情報を示し、
重要度の高い順に情報がつけ加えられていく。
最後には、要点を裏づけるこまごました追加情報が示される。

からないのだ。

　むかしの報道記者はこうした問題をある程度認識しており、正反対の「逆ピラミッド」式アプローチを採用していた。逆ピラミッド構造の記事は、情報の最重要箇所から始まる（**図1.2**）。リードと呼ばれる導入部には、記事のもっとも大切な部分が含まれており、以下、重要度の高い順に情報がつけ加えられていく。だから、たとえ読者が記事を読み終えていなくても、結論ともっとも重要な事実はすでに読み終わっている可能性が高い。また、逆ピラミッド構造であれば、記事原稿が思いのほか長い場合、編集者は重要ポイントを損なうことなく原稿の末端をカットできる。記事を最後まで読み進めると、そこにあるのは記憶に値する「お

図1.3　砂時計構造

まず聴衆を引き付ける釣り針を投げ、結論の予告編から始める。
最終地点を知らせてから詳細と方法論を掘り下げていく。
最後に、研究成果と結論を強調し、「おみやげ」を持ち帰ってもらう。

みやげメッセージ」ではなく、冒頭でくわしく述べられた記事の要点を裏づけるこまごました追加情報だ。

ジャーナリズムの逆ピラミッドは重要なメッセージを最初にもってくるが、最後に同じメッセージを繰り返さない。しかし、プレゼンテーションでは、冒頭の時間を使って聴衆を引きつけ、注目すべき理由を聴衆に説明すべきだ。その後、締めの時間を使って、そのメッセージをあらためて述べる。そうすれば、会場を出るときに聴衆の記憶にもっとも強く残っているものが、そのメッセージになるだろう。データや方法、背景の詳細については、プレゼンテーションの中間部で説明すればいい。

学術的なプレゼンテーションの場合は、これら2つのピラミッドのよいところを組み合わせてひとつにまとめ、砂時計構造にするのがよい（**図1.3**）。最初に、結論の「予告編」から始めよう。そうすれば、聴衆は話に引き込まれ、プレゼンテーションでおこなわれる議論全体に対して期待を抱くだろう。いったん議論が向かっている最終地点を聴衆に知らせておいてから、詳細と方法論を掘り下げていくわけだ。細部にこだわりすぎて、砂時計のまんなかで時間切れにならないように気をつけること。どうにか締めの時間にたどりついたら、大局的テーマに話を戻して研究の意義を述べ、結論に対して聴衆にどのような反応を望むのかという点に触れておこう。このように、砂時計構造においては、ニュース記事と同様に、冒頭で聴衆をすぐさま引きつける「釣り針」を投げ入れるが、最後は、従来型のプレゼンピラミッドのように、研究成果と結論を強調して終わる。

砂時計アプローチの利点は、聴衆の関心がもっとも高まる時点で結論を強調できることにある。聴衆がもっとも注目するのは、プレゼンの始めと終わりだ。冒頭は、席についたばかりで、エネルギーと興味に満ちあふれている。終了間際には、質疑応答が始まり、延々と議論をし続ける人や、次の予定先に向かうために帰り支度を始める人も出始める。結論を先に述べておけば、途中で集中力が切れてしまった人や、終了前に席を立つ人でも、結論を聞き逃すことがない。プレゼンの最初と最後で結論を提示し、中間部でこまごました説明をすれば、聴衆は一連の議論についていきやすくなる。早い段階でプレゼンテーションのすべてのピースがどのように組み合わされているかがわかり、研究結果のはっきりとした全体像も手にすることができるからだ。

プレゼンワークシート

従来型のピラミッド構造から脱却しようとしていたとき、プレゼンのいくつかの重要な要素をどのように処理すればよいのかがわからず、試行錯誤を繰り返していたことがある。プレゼンの冒頭ですぐに聴衆の注意を引くには、何を言えばよいのか？　聴衆に持ち帰ってほしいのはどんなメッセージか？　中間部には何を入れるべきか？　どうすれば聴衆に研究内容やメッセージを記憶してもらえるか？　私は考えを整理したうえでプレゼンを組み立てるために、スライドの制作に取りかかる前に答えておくべき重要な質問を2ページ分のワークシートにまとめた。このワークシートは考えを整理し、メッセージを見出しにまで凝縮するのに役立った。また、聴衆がメッセージを理解し記憶するには、どのようなプレゼン資料が最適なのかをじっくり考えてみる助けにもなった。

この節では、ワークシートの10個のセクションのそれぞれについて説明する。ワークシートは本書の参考サイト🌐からダウンロードできる。

🌐www.policyviz.com/better-presentations

1. どのような種類のプレゼンテーションをするのか?

- □ 小さな研究会
- □ 学会や学科のセミナー
- □ 講義
- □ 商品のセールス／資金の要請
- □ 基調講演
- □ ワークショップ
- □ その他

プレゼンテーションのスタイル、外観、メッセージは、プレゼンの種類や会場に合わせて調整する必要がある。たとえば、数百人もの聴衆を前にする学会の基調講演では、発表者が研究で得たもっとも重要な教訓に焦点を当てるかもしれない。だから、テキストはほとんど必要なく、大きな画像があればいいという場合がある。この場合は、研究の複雑な詳細には立ち入らず、聴衆のために研究の全体像を要約することになるはずだ。

一方、同僚や学生との小さな研究会でプレゼンをする場合は、詳細なスライドを何枚か入れたほうがいいだろう（補足として、じっくり読んでもらうための資料も配布する）。このような場合は、プレゼンテーションというよりもディスカッションとして話を組み立てるほうがよいかもしれない。そうすると、発表者は講演者というよりも司会者に近い役割を担うことになるだろう。

プレゼンテーションはコミュニケーションの一種であり、コミュニケーションは人と人とのあいだでおこなわれるものだ。したがって、プレゼンの組み立ては、どのような種類のプレゼンをおこなうのか、どのようなアプローチが聴衆のニーズに最適か、を検討することから始める必要がある。

2. 聴衆はどんな人たちか?

- □ 同僚や同業者
- □ 役員
- □ 科学者や技術者
- □ 営業担当者やマーケティング担当者
- □ 学生
- □ 混合
- □ その他

この質問は、最初の質問と同じく、このプレゼンテーションを聞くことでどのような利益があるのか、このプレゼンは聴衆のどのようなニーズに応えることができるのか、についてじっくり考えてみるよい機会だ。学会で専門家相手に発表する予定なら、聴衆は今までにない革新的な方法の具体的詳細を聞きたいと思うだろう。潜在的な資金提供者を前に研究結果をプレゼンする場合は、得られた研究結果（とその結果をもとに今後進めたいと思っている研究内容）のほうが重要かもしれない。聴衆のなかに誰がいるかを考慮することで、発表の内容や方法はどのように変化するだろうか。方法論の細部にばかりこだわるのではなく、会場から持ち帰るに値する、実利的で実用的な「おみやげメッセージ」が含まれているかどうかをしっかり確認しておく必要がある。

プレゼンテーションでの言葉づかいも、聴衆のレベルによって使い分けるべきだ。メディアや一般人を相手に話すときは専門用語を控えるべきだろうが、大学のランチセミナーなら、業界用語や略語、学術用語を織り交ぜたほうがよいかもしれない。

混合グループ向けのプレゼンは、たしかに準備するのがかなり難しい。同僚や政策立案者、学生、研究者などが入り交じった聴衆を相手にする場合は、自分の考えが単純かつ明快になるまで煮詰めてほしい。単純かつ明快に。単純といっても、レベルを下げるのではない。チップ＆ダン・ハースは『アイデアのちから』[38]でこう述べている。

> それをうまくやってのけるための第一歩は、まず単純明快に伝えることだ。ただし「やさしく噛み砕く」とか「ひと言で済ます」という意味ではない。単純明快に伝えるために、素っ気なく話す必要はない。ここで言う「単純明快である」とは、アイデアの核となる部分を見きわめることだ。

上付きの［　］の数字は参考文献の番号を表す。各文献の詳細は181～186ページを参照されたい。書籍で日本語に翻訳されているものについては、その情報も併記してある。

邦訳42～43ページ

アイデアの核を見つけ（提示す）ることができれば、どんな聴衆が相手でもうまくいくだろう。聴衆が混合グループである場合には、おそらくそのことがいっそう重要になるはずだ。技術的詳細を知りたい人もいれば、そうでない人もいる。しかし、明快で、強固で、実用的な「おみやげメッセージ」をもらって帰るのは、誰にとっても有益だろう。高度な専門知識をもたない人に対するプレゼンでは、言葉とグラフィックを併用することがきわめて重要だという調査結果もある（この節の最後にあるCOLUMN①「学習の仕組み」を参照）。

混合グループ相手のプレゼンで、取り上げるべき細部の適切なレベルに悩んでいるのであれば、そのなかでもとりわけ伝えるべきだと思う具体的なグループを想定し、そのグループに「オーディエンスペルソナ」とでもいうべき仮の人格を与えてみてはどうだろう。そのうえで、その人格が何を必要としているのかを考え、その人格に向けて核心的メッセージを発信するようにしてみよう。

3. プレゼン全体の見出しメッセージをどうするか？

私は、見出し用にワンセンテンス分のスペースしかとっていないので、プレゼンテーションを煮詰め、核となるひとつの概念にまで凝縮せざるをえない。聴衆にぜひとも持ち帰ってほしいメッセージをひとつ選ぶとすれば、それは何だろうか。カーマイン・ガロは『スティーブ・ジョブズ 驚異のプレゼン』[28] のなかで、理想的な見出しを「Twitterのような」見出し✐と呼んでいる。これは、聴衆の記憶に残りやすい、具体的かつ印象的で、簡潔な見出しを意味する。スライドはメッセージを表示する広告看板だと考えるのも悪くない。プレゼンを進めていくうちに、聴衆はメッセージの意味を苦もなく理解するにちがいない。

✐邦訳84ページ

冒頭のあいさつを簡潔で生き生きした形に練り上げることは、多くの発表者にとって難題かもしれない。とくに研究者は、見出しという考え自体に違和感を覚えているように思えることが多い。研究者は、自分の研究にはひとつの文章やフレーズにまとめ切れない細部やニュアンスがあると考えているからだ。しかし見出しの目的は、研究内容を矮小《わいしょう》化したり、研究の複雑さやニュアンス、微妙さといったものを排除したりすることではない。見出しは、聴衆が記憶し共有できるような形で（さらには活用できるような形で）、研究内容を要約したひとつのメッセージを聴衆に提示するためにあるのだ。研究の詳細についてはプレゼンの中間部で述べることができる（し、そうしているだろう）が、見出しを聴衆に記憶してもらうことができれば、聴衆はその詳細が知りたくなって、もう一度発表者のプレゼンを聴きに来るかもしれない（あるいは、発表者の論文を読むかもしれない）。

もし見出しを思いつくのに苦労しているなら（あるいは見出しが研究内容からずれているように思えるなら）、結論重視の出だしのすばらしい見本をすでに自分がもっていることを思い出そう。それは、論文の要旨だ。そこではかならず、なぜその論文を読むべきなのか、何を結論で伝えようとしているのかが述べられている。すぐれた要旨は簡潔で生き生きとしており、なにより研究の結論を強調している。読者にとって、要旨は論文の宣伝文のようなものだ。要旨がその役割をきちんと果たしていれば、読者は興味をそそられ、もっと知りたいと思うはずだ。その結果、データと方法論の詳細を求めて論文の本文を読むことになるだろう。

要旨を核心にまで煮詰めよう。それを見出しのメッセージとして提示すれば、聴衆はプレゼンテーションから何を学べるのか、なぜ注目すべきなのかがわかるだろう。たとえば、「テクノロジーは政府を改善できる」は見出しとして機能し、簡潔な形で聴衆の注意を引くことができる。

4. 結論に対して聴衆にどのような反応を望むのか?

プレゼンテーションをおこなうおもな目的を、聴衆とのかかわりの面から考えてみよう。大学や研究機関の同僚を相手に研究論文についてプレゼンをしようとしている場合、研究結果を提示することによって何を聴衆に望むのだろうか。方法論を採用してほしいのか？　データを使ってほしいのか？　もっとデータを集めたいのか？　研究成果を理解し、結果の信頼性を評価してほしいのか？　あるいは、発表者が新しい事業や政策を提案しようとしている場合、聴衆である政策立案者や団体、資金提供者、ジャーナリストは提示されたメッセージにどのように反応すればよいのだろうか。提案された政策を実行すればよいのか？　それとも、研究を次の段階に進めるためのお金をさらに用立てればよいのか？

プレゼンテーションでは、その目的をかならずしも明示する必要はない。目的がたんに研究を共有し、その分野の知識を向上させることにあるならば、あえて言うにはおよばない。また、プレゼンの目的が資金調達だとしても、それをあからさまにするのは無作法というものだろう。しかし、たとえ声に出して言わなくても、目的について考え、メッセージを受け取った聴衆にどうしてもらいたいかを検討してみることは、ターゲットを絞った効果的なプレゼンを組み立てるうえで役に立つはずだ。

5. 冒頭のあいさつを練る

聴衆の注意を引きつけられる時間はそれほど長くない。聴衆としての経験を思い出してほしい。下を向いてスマートフォンでメールをチェックしたり、プレゼン終了後の個人的「やることリスト」を頭のなかで作成し始めたりするのに、どれくらいの時間がかかっただろうか。プレゼンの出だしは、聴衆の注意を引き、それを持続させておくためにきわめて重要だ。だから、開口一番の冒頭のあいさつは、大胆かつ圧倒的なものにする必要がある。

冒頭のあいさつを効果的なものにするには、「お招きいただきありがとうございます」、「たいした話はできないかもしれませんが」、「この場に立ててうれしく思います」といった汎用表現を避けるべきだ。そのような出だしは、退屈で、中身がなく、言い古されている。簡単な例を考えてみよう。発表者は、政府が住民のニーズに適切に対応するためにテクノロジーをどのように使用しているか、についての調査をおこなっている研究者だ。この場合、従来のプレゼンなら、次のようなあいさつで始まるだろう。

本日はお招きいただきありがとうございます。これから、私が取り組んできた研究について少しお話ししたいと思います。テーマは、公共部門におけるITの必要性です。その前にひとことお断りしておきますが、この論文は執筆途中でして、まだデータを処理している最中であります。最後に質疑応答の時間を設けるつもりですので、何なりとご意見やご質問をいただければ幸いです。

この出だしは、研究内容がほとんど述べられていない。聴衆への感謝に始まり、その後は基本的に研究が未完成であることのおわびだ。これでは、発表者がどこへ向かおうとしているのか、なぜそのプレゼンに耳を傾けるべきかが、聴衆にはまったくわからない。今度は、「おみやげメッセージ」とその重要性に焦点を当ててみよう。

テクノロジーの変化によって、政府はじつにさまざまな方法で住民の要求に対応することが可能になってきています。その結果、効率が向上し、コストも下げられます。こうした変化は、州政府や州の個別事業にも大きな影響を与えています。私は、25の州から150の州政府機関についてのデータを集めました。あとでくわしく説明しますが、州のコンピューターシステムを改善すれば、住民の満足度が15％増加し、コストが10％減少します。私の調査結果によると、州のパソコンシステムに5000万ドルを投資すれば、5年以内に投資額を回収できるのです。

この出だしなら、聴衆はすぐに引きつけられる。その研究がなぜ重要なのか、研究で何がわかったのか、その研究の成果はどのような形で政府の改善に役立つのか、といったことが具体的に語られているからだ。焦点が結論にあるので、聴衆は話がどこに向かっていくのかを最初の段階で知ることになる。

新聞記事のように「大きな釣り針つきの」よく練られた冒頭のあいさつを使おう。調査研究の詳細がプレゼンの出だしの30秒に含まれていないからといって、心配するにはおよばない。そうした細部を掘り下げる時間はたっぷり残されている。冒頭のあいさつでは、見出しについて語るべきだ。さしあたり細かいことは無視して、研究の意義と価値を宣伝する、口頭の広告掲示板だと考えてみよう。

6. 締めのあいさつを練る

これは、発表内容を要約し、「おみやげメッセージ」をあらためて強調するいい機会だ。セクション4で、結論に対して聴衆にどうしてもらいたいかを考えたが、それが役立つときが来た。締めのあいさつは、聴衆がメッセージを受け入れ、それにもとづいて行動しやすくなるような力強いものにしよう。

従来型の締めのあいさつは、次のような言葉で終わる。

> 私の調査結果は、これまでの研究とは異なります。質の高い新しいデータを使用し、理論モデルをあれこれ修正したからです。試算によると、州のコンピューターシステムを改善すると、住民の満足度が15%向上し、コストが10%削減されます。どちらもかなり大きな数字ではないでしょうか。ご清聴ありがとうございました。質問があれば喜んでお答えします。

代わりに、結論をストーリー仕立てにして、なぜその結果が重要であり、聴衆が行動を起こすに値するのかを説明したらどうなるだろうか。

> 現在、低所得者向けの補助的栄養支援プログラム、いわゆる「フードスタンプ」の受給者は4600万人あまりに達していますが、みなさんもそのひとりだと考えてみましょう。役所に受給申請に行くには、仕事を休まなければなりません。極貧生活にあえいでいるなら、それだけで死活問題です。ベビーシッターを手配しなければならず、役所に行くにはバスに1〜2回乗らなければならないでしょう。オンラインで申請書を提出できるようになると、かなり楽になるはずです。
> 私は、州政府機関がこのようなプロセスをより簡単に処理するために、コンピューターシステムをどのように改善したのかについて説明しました。州ごとに平均約5000万ドルの費用がかかりましたが、こ

> うした変更によって住民の満足度がアップし、地域活動が活発になりました。また、プログラム参加者にサービスを提供する方法も改善されました。私は研究者の立場で行政とテクノロジーに携わり、フードスタンプのような公的支援事業に取り組んでいますが、この州の機関のコンピューターシステムに関与するひとりとして、みなさんにお願いがあります。ぜひ一度、こうした技術投資がこの州や地域社会に住む人たちの生活をどれほど向上させることになるのか、このことについてじっくり考えてほしいのです。

発表者はこのあいさつで、個人が経験する問題を具体的に示し、研究結果がその問題の改善にどれほど役立つかを説明した。また、結論をその研究のもつ可能性という広い枠組みでとらえ、聴衆が発表者の考えを受け入れるべき理由を説明した。

締めのあいさつは、研究の詳細やこまごました注意事項を列挙する場所ではない。それらについてはプレゼンの途中ですでに扱っているのだから、繰り返すにはおよばない（もちろん、結論にとって不可欠であれば、そのかぎりではない）。もう一度見出しに焦点を当て、ぜひとも聴衆全員に持ち帰ってほしい「おみやげメッセージ」を強調しておこう。

プレゼン全体を丸暗記することはおすすめしない。ただ、冒頭と締めのあいさつは、暗記しておけば役立つこともあるかと思う。プレゼンをすべて丸暗記した場合、うっかり「行」を飛ばしてしまったときに、頭が真っ白になり、次に言うべきことを忘れがちになる。同様に、テキストをそのまま読み上げるのは堅苦しく聞こえるだろうし、聴衆にとっては退屈かもしれない（さらに、テキストを読むために下を向くので、聴衆と目を合わせられなくなる）。とはいえ、冒頭と締めのあいさつ――発表者がもっとも神経を集中する瞬間だ――は、洗練され、簡潔で中身の詰まったものであるべきだ。この機会をうまく利用して、しっかり準備しておこう。

7. プレゼンのセクション分けを考える

1.____________________ 4.____________________

2.____________________ 5.____________________

3.____________________

ここには、5つ分のスペースを用意した。もっと少なくてもいいが、これ以上はむやみに増やさないようにしよう。でないと、聴衆がプレゼン全体にわたって話を追い切れなくなる。心理学者ジョージ・A・ミラーの先駆的な研究によると[52]、人間が一度に記憶しておけるのは約7項目だ。認知科学者ジェフリー・ラウダーらによる最近の研究では[67]、一度に記憶しておけるのは3〜4項目でしかない。だから、セクションの数はせいぜい5つくらいにとどめておかないと、聴衆がプレゼンの要点を把握し切れなくなる。また、それぞれのセクション名はわかりやすく明快でなければならない。

セクション名を論文の「章題」と同列に考えることもできるだろう。論文の章題と同じくプレゼンのセクション名も、はっきりした考えと要点を中心にまとめ上げるべきだ。たとえば、先行研究の話をするとき、その論点は何だろうか。以前の研究者とは異なる新しいデータがあることを示したいのであれば、先行研究のセクションに「これまでの研究が見逃していたこと」というセクション名をつけてもいい。あるいは、ユニークかつ刺激的な方法で、先行の方法論の拡張を目指している人もいるかもしれない。その場合は、「この分野の進展」のようなセクション名を考えてみるのもいいだろう。聴衆のためにセクション名をわざわざスライドに書き入れることまではしなくていいと思うが、自分用にセクション名を決めておけば、プレゼンを整理するのに役立つはずだ。

プレゼンテーションのセクション分けには、もうひとつの利点がある。あるプレゼンのセクションを別のプレゼンで再利用できるのだ。毎回ゼロから始めるのではなく、はっきりと区分けされたセクションを挿入または削除することで、既存のプレゼン資料を再利用または改良できるというわけだ。たとえば、方法論に関する小難しいセクションは、それほど専門知識がない聴衆を相手にするプレゼンテーション（基調講演など）ではカットしてもいいだろう。また、プレゼンテーションの最初と最後のセクションだけを練り上げておくという手もあるかもしれない。プレゼン資料を複数のセクションに分けておくと、一部のセクションをあるプレゼンから別のプレゼンに移動したり、必要に応じて削除したり追加したりするのが楽になる。

セクション分けは、プレゼンの骨子を考えるきっかけになる。骨子を練り上げ、細部を肉づけしていけば、しっかりとした構造をもつプレゼン資料が姿を現すはずだ。先を見すえて計画を練ること。準備にかける時間が長ければ長いほど、すばらしいプレゼンテーション、すなわち聴衆が議論についてきやすく、発表者の主張を受け入れやすいプレゼンテーションができあがる可能性が高くなる。

8. どんなストーリーを話せるのか？

聴衆とのかかわりを深め、聴衆を引きつける方法として、もうひとつの手がある。それは、研究にかかわるストーリーをプレゼン内容に盛り込むことだ。人間は本質的に、ストーリーのもつ物語構造（そのなかで示される難題や登場人物が乗り越える障害）に引かれる。だから、ストーリーは期待感を生み出す。さらにストーリーには、発表者との距離を縮め、研究内容を覚えやすくする効果があるので、聴衆の関心を高められる。

ストーリーは愉快なものや感動的なものである必要はないし、特別に個人的なものである必要もない。ただし、研究内容に無関係なものや、プレゼンの議論の進行や補強に役立たないものは避けるべきだ。研究者として、聴衆とのつながりを深めるために使えるストーリーを何か思いつけるだろうか。この研究に着手するきっかけとなったできごとはあったか？　調査協力者やフォーカスグループ✎と個人的に話をしたことはあるか？　独自に発見した興味深いデータはないか？　そういったストーリーがあれば、聴衆は引きつけられるはずだ。統計データではそうはいかないだろう。

✎マーケティング調査などの目的で集められた（人間の）集団。

9. 画像（検索前に大まかなアイデアを絵や言葉でメモしておく）

- ☐ グラフ
- ☐ 写真、イラスト、アイコン
- ☐ 動画

論文に掲載したグラフをそのままプレゼンに流用したいと思うことがあるかもしれないが、プレゼンテーションでは、すべての要素をくわしく提示する必要はない。論文の読者とプレゼンの聴衆では、同じグラフを見るにしても、その見方がかなり異なることが多く、論文のグラフをプレゼンで効果的に提示するには、なんらかの修正が必要になる（これについては第5章で詳述）。どんな場合も、プレゼンに使うグラフはすべて、議論を進めるものであるべきだ。作成済みのものがあるからという理由だけで、あえて論文のグラフをすべてスライドに載せる必要はない。使うグラフ画像をあらかじめ選択しておけば、論文のグラフをプレゼン資料にまとめて挿入することもなくなり、おのずと必要なものだけを使うようになる。

写真、イラスト、アイコン、動画に関しては、取り替えのきく汎用品をつくるのではなく、探しているものをできるだけ具体的に考えれば、研究内容に見合った有用な画像を見つけられるだろう。「成長」をキーワードにして検索すると、右肩上がりの3D縦棒グラフが表示されるだろうし、「仕事」を検索すれば、情熱あふれる2人のエグゼクティブがすばらしい取引をまとめ終えて握手している画像が見つかるだろう。この手のストック画像は使い古されたものなので、聴衆にプレゼン自体が古くさい陳腐なものだと思われかねない。ワークシートのこのセクションを使って、見つけたい画像のアイデアをスケッチし、その画像を探し出すのに使えそうな具体的なキーワードを考えてみよう。このプロセスによって、検索エンジン任せではなく、自分が主導的にビジュアルをコントロールできるようになる。

10. 予想される質問と回答

1. 質問：__________　　2. 質問：__________
回答：__________　　回答：__________

どんな質問が出そうかを予想し、回答を準備しておこう。このワークシートには、想定される質問を記しておくためのスペースがとりあえず2つ分用意してあるが、もちろん、それ以上の質問に答えられるようにしておくべきだ。私が見てきたプレゼンでは、荒っぽい方法で質問が投げかけられたことも何度かあった。講演者が1枚目のスライドに取りかかる前に最初の手が挙がったことさえある（エコノミストは手加減しないことで有名だ）。手ごわい面々と顔を合わせなくてもすむのなら、それに越したことはないが、しっかり準備しておけば、プレゼン内容に自信がもてるだろう。

友人や同僚、学生との会話を通して、研究の問題点に気づくこともあるかもしれない。発表者のなかには、もしかしたら、すでに正式な査読を受けている人もいるだろうし、時間の関係で、質問の出そうな箇所をプレゼンテーションから意図的に削っている人もいるかもしれない。また、特定の利害関係者（資金提供者、メディア、政策立案者など）を相手にプレゼンする場合には、その人たちが抱いている特別な関心を予想してみることができるだろう。とくに、最近起こったできごとのなかにプレゼンの論題と関連の深いものがあり、そのテーマがいっそうクローズアップされたり、議論の的になったりする可能性が高い場合はなおさらそうだ。このステップを真剣に検討すれば、研究段階では見すごしていた問題に気がつけるかもしれない。

回答を準備する際は、簡潔明瞭を心がけ、エビデンスで回答を補強できるようにしておこう。質疑応答の始め方については、アラン・ホフラーの助言が役立つ[39]。「何か質問はありますか」と尋ねるのではなく（この「はい」か「いいえ」式の回答を要求する疑問文は、「質問はないですよね」という意味をほのめかしもする）、「どんな質問がありますか」といったセリフを試すのだ。そうすれば、質問はプレゼンテーションの歓迎すべき一部になり、聴衆は遠慮なく質問できる。質疑応答の時間が終わったら（「次で最後の質問になります」のようなセリフを使えば、うまく終了に導けることが多い）、その機を逃さず、もう一度締めのあいさつを繰り返しておこう。そうすれば、聴衆はそのメッセージを脳裏に焼きつけて家路に就ける。

骨子の作成から肉づけまで

ワークシートにすべて記入し、必要に応じてセクションを増やしたら、プレゼンの基本的ロードマップの完成だ。あとはすき間を埋め、研究にまつわるストーリーをプレゼンの途中にどのように盛り込むかを考えればいい。

好みのワークフローに応じて、いくつかの進め方がある。ナンシー・デュアルテは『slide:ology［スライドロジー］』[21] のなかで、付《ふ》箋《せん》を使ってプレゼンを立案することを提案している。付箋は、「アイデアをとらえ、選別し、再編成することを可能にしてくれます」✎。私のお気に入りは、3 × 5インチ✎のインデックスカードだ(**図1.4**)。そのほうが、移動、持ち運び、積み重ね、シャッフルが楽だからだ。各スライドに対応したそれぞれのカードに、メッセージや目的をひとつずつ書き留める（付箋と同じくサイズが小さいので、おのずと1枚に多くの情報を詰め込まなくなる）。それから、机の上（長めのプレゼンの場合は床）に積み重ねて置く。こうしておけば、プレゼンと物理的に連動することになる。マーカーや色鉛筆を使ってセクションごとに色分けすることも多い。そのほうが、カードを使った作業がはかどるからだ（パソコンのプレゼンソフトを開くのはそのあとだ）。私はふつうの紙のノートも使っており、そこにはメモや記事を

✎邦訳48ページ

✎およそ7.6×12.7センチメートル

図1.4　インデックスカードを利用してプレゼンの構想を練る

（写真：Lydia Thompson）

書いたり、絵をスケッチしたり、計画中または編集段階のプレゼンに使うグラフを描いたりしている。

たしかに、このプロセスは面倒かもしれない。時間のない人や、この手の作業が好きではない人もいるだろう。そういう人は、プレゼンの概略やくわしい構造をパソコンに文章として書き留めておくのがいちばんかもしれない。また、最初にプレゼンソフトで作業用の大まかな骨子を作成してから、こまかなスライドの変更、修正、編集をするほうが向いている人もいるだろう。知り合いの研究者には、研究プロジェクト自体を PowerPoint で始める人もいる。論文はそれから書くのだ。私にとっては、紙のノートとインデックスカードが重要だ。時間をかけてそこに書きためたプレゼンの骨子やスケッチは、長期にわたる見返りを得るための先行投資なのだ。プレゼンテーションが完成した暁には、細部と構成に徹底的に気を配ったものになるだろう。そんなわけで、自分にいちばん合った方法を見つけ、時間をかけてその方法を洗練させていくことをおすすめする。

COLUMN 1 学習の仕組み

私はこれまでに何百ものプレゼンを聴き、また自分でも実践してきた。そうした経験に加え、神経科学や社会学、心理学などの分野の研究論文を読み、人間がどのようにして情報を伝達し認識するのかについての理解を深めてきた。その結果、私は、可視化・統一・集中という重要な３つの指針を導き出した。以下の２組の理論は、とりわけ聴衆にメッセージをよりよく理解・把握してもらいたいと思っている発表者の役に立つ。

１番目の理論は、1980 年代後半に教育心理学者のジョン・スウェラーが展開した認知負荷理論だ。この理論は、古い情報の一部を保持しつつ新しい情報を処理しようとするときに、作業記憶にかかる負荷を説明するものだ。認知負荷理論によれば、人間は本質的に、情報が視覚的に伝達または提示されたときにこそ、多くの情報を吸収できる。

２番目の理論は、心理学者リチャード・メイヤーと複数の共著者によって展開された一群の学習原理だ（その概要は、ルース・クラークとの共著 [14] にうまくまとめられている）。メイヤーの研究は、認識論、教育、テクノロジーの分野にまたがっているが、プレゼンテーションに関しては、以下の３つの原理がとくに重要だ。

1. **マルチメディアの原理**は、言葉だけの場合より言葉と絵がある場合のほうが、学習効果が高いというものだ。メイヤーらは多くの研究にもとづき、絵とテキストを組み合わせると、テキストだけの場合よりも学習効果が89％向上することを発見した。（指針「可視化」に関連）
2. **近接性の原理**は、テキストとビジュアルを結びつければ、テキストとビジュアルを組み合わせない場合よりも学習効果が高まるというものだ。メイヤーらは異なる８つの研究を通して、テキストとビジュアルを結びつけた授業の学習成果は、そうしなかった授業より平均で68％高いことを発見した。（指針「統一」に関連）
3. **一貫性の原理**は、学習目標とは無関係な要素を余分につけたすことは学習を混乱させ、妨げるというものだ。異なる６つの実験を通して、無関係な要素なしで授業を受けた学生の学習成果は、無関係な要素ありの学生よりも平均で105％高かった。（指針「集中」に関連）

できの悪いグラフとテキストだらけのスライドを使った、つまらないプレゼンを見た経験があるはずだ。そんなプレゼンでは、一定の間隔で聞き流し、メールをチェックしたりしながら、最終的に注意を払うのを完全にやめてしまったのではないだろうか（発表者の立場で、聴衆が同じことをするのを見た経験がある人もいるかもしれない！）。この種のプレゼンに対する私たちの反応は、学習時に脳が情報を処理する方法に起因していると考えられる。こうしたプロセスを認識することによって、プレゼン内容を提示する方法を改善できる。

▼ ▼ ▼ ▼ ▼

これで、プレゼンにどんな内容を盛り込むかを計画し終わった。今度は、スライドの外観にとりかかろう。次の２つの章では、プレゼンテーションにおける基本的な美的要素である色と文字について、それぞれ説明する。その目的は、デザイナーを目指すことではなく、発表者の美的な判断が聴衆のスライド資料の見方にどれほどの影響を与えるかを認識することだ。どの色を使うのか、選んだ色の使い方にどのような一貫性をもたせるか、それをどこで使用するのか――こうした判断はすべて、聴衆がテキストやデータ系列のどの部分にいちばん注意を払うのかに影響するのだ。文字をうまく使い分ければ、階層構造が生まれる。そうすれば、聴衆は何がいちばん重要なのかを認識しやすくなる。また、発表者の側でも、聴衆の注意を必要な場所へ集中させやすくなる。見た目のよいスライドをデザインするといっても、本書は、ポップなものやあか抜けたものを目指しているのではない。さまざまな要素を追加（または削除）してみることによって、もっとも効果的なプレゼン内容の伝達方法を考えてみよう。

［計画］について覚えておくべき3つのこと

1. **可視化：考えを整理し、自分に合ったやり方でプレゼンテーションを計画すること。**

2. **統一：どうすればプレゼンをひとつにまとめられるか、論文とのちがいはどのような点にあるのか、についてじっくり考えること。**

3. **集中：結論を冒頭部にもっていき、聴衆をすぐさま引きつけること。聴衆の注意をプレゼン内容に集中させること。**

COLUMN 2 プレゼンソフト

本書は、おもに Microsoft PowerPoint を使ったスライドの戦略と改善に重点を置いている。とはいえ、この戦略（画像を増やす、テキストを減らす、不用品を減らす）は、プレゼン作成に使用するソフトウェアに関係なく適用できるはずだ。現在、プレゼン資料を作成・管理するために利用できるツールはいくつもある。以下にその一部を挙げておく（本書の参考サイトにはさらにくわしい情報を載せている）。

Beamer： これは組版プログラム LaTeX で利用可能なパッケージだ。LaTeX は文字や数式を配置するためのコーディング言語で、技術文書や科学文書ではもっともよく使われている。Beamer は、LaTeX 言語を使ってスライド（Beamer では「フレーム」）を作成する。LaTeX と Beamer はどちらもフリーのプログラムで、ほとんどのオペレーティングシステムで動作する。

Canva： このオンラインデザインツールでは、ポスター、ソーシャルメディア用画像、インフォグラフィック、プレゼンテーションなど、あらゆる種類のデザイン・ソーシャルメディア関連の作品を作成することができる。全体的に見れば、Canva はわりと使いやすいほうだが、表やグラフなどのスライドオブジェクトとの連携に問題が残る。

Google スライド： Google はスプレッドシートやワープロといった一連のツールのひとつとして、Google スライドというプレゼン用プラットフォームも提供している。ほかのオンラインツールと同等の機能を備え、ユーザー間で簡単にファイルを共有できる。スライドを PowerPoint をはじめとするさまざまな形式でダウンロードすることも可能だ。

Haiku Deck： モバイルデバイス用に設計されたプラットフォームで、ウェブ上やタブレット（おもに iPad）でプレゼン資料を作成できる。このツールは基本的にプラグ＆プレイ✎に対応しており、プリパッケージ化された画像やフォント、レイアウトデザインを利用できる。

✎画像やフォント、レイアウトデザインなどがあらかじめパッケージ化されているので、基本的にはこのツールのみでスライド制作が完結する。

Keynote： Apple が開発したプレゼンソフト。使いやすく、動画や音声との連携もスムーズだ。きわめて優秀なズーム機能とアニメーション機能を備えているが、PowerPoint のアニメーションツールと同じく、使用には注意が必要だ。Keynote は Mac でしか使えず、PowerPoint に比べると、（よくも悪くも）オプション機能の数が少ない。

Prezi：オンラインプレゼンツールのPreziは、作成したプレゼン資料にカスタムアニメーション（ズームとスワイプ）を簡単に追加できる。Preziのバージョンによっては、ほかのツールとはちがって、プレゼン資料を直接パソコンにダウンロードできるので、インターネットに接続しなくても作業できる。

reveal.js：HTMLコードを使ってプレゼン資料を作成するツールのひとつ。コード🌐を入手するか、ビジュアルエディター🌐を使用する。 ビジュアルエディターには有料版と無料版がある。無料版はプレゼン資料のファイルサイズに制限があり、作成したプレゼン資料が公開されるという条件がつく。有料版はファイルスペースの容量が多く、ファイルのプライベート設定も可能だ。「reveal.js」とその類似ツールの利点のひとつは、オンラインコンテンツをスライドに直接かつ簡単に埋め込めることだ。

SlideShare と Speaker Deck：これらのプレゼン共有サイトには、プレゼンを自由に投稿できる閲覧ツールがあり、ユーザーは、投稿されたプレゼン資料を自分のペースでひとつずつ閲覧することができる。使用するツールによっては、スライドメモをプレゼンに投稿することも簡単にでき、ほかのユーザーもそのスライドメモを見られる。

Zoho Show：このオンラインツールキットでも、プレゼンテーションの作成や提示、共同作業、配信が可能だ。PowerPointとのあいだでファイルのやりとりもできる。

🌐コード
http://lab.hakim.se/reveal-js/

🌐ビジュアルエディター
https://slides.com/

第2章 色

研究者はプレゼン発表に際し、研究内容はそれ自体が雄弁に語ってくれるものであり、スライドの視覚的効果が聴衆の理解に影響をおよぼすことなどない、と考えがちだ。ところが実際には、聴衆が何を見、何に焦点を合わせ、そのメッセージをどのように知覚するかに関しては、プレゼン資料のデザイン的側面が重要な役割を果たしている。ニューヨーク大学のジャン・L・プラス教授らの研究によれば、（レイアウト、色、イメージの面で）興味をそそるビジュアルデザインは、ポジティブな感情を呼び起こし、学習を促進するのに役立つという[60]。専門的なプレゼンですぐれたデザインのスライドを使ったからといって、そのプレゼンが「台なし」になったり、「見かけ倒し」になったりはしない。そうではなくて、よいデザインテクニックを使えば、スクリーン上のさまざまな要素が統一され、重要なポイントに目を向けさせることができるので、聴衆はプレゼンの見解を支持すべきかどうかを判断できるようになる。

スライドの外観と雰囲気が聴衆の期待を高め、プレゼンに引き込み、そのまま心をとらえて離さないようにするのだ。スライドのこうした美的側面は、色と文字という2つの基本的側面によって成り立っている。この章では色に焦点を合わせ、次の章では文字について説明する。たとえば、カラーパレットを選択し導入するにはどうすればよいのか、カラーパレットの色をスライドのどこに使えばよいのか（背景に使う場合とテキストやグラフに使う場合）、色を活用してスライドを聴衆にとって魅力的なものにするにはどうすればよいのか、といった点について検討する。

色の効果

色彩研究の先駆者モーリーン・ストーンは『A Field Guide to Digital Color〔デジタルカラー・フィールドガイド〕』[75]のなかで、こう述べている。「色を上手に使うと、プレゼンテーションを向上させ、明確化することができる。色の使い方が下手だと、プレゼンテーションを不明瞭にし、台なしにし、混乱させてしまう」。色の使い方によっては、スライドを整理したり、データを明快にしたり、聴衆の注意を引いて視線を向けさせたり、ある種の雰囲気をかもし出したりできる。たとえば、赤は情熱や興奮、エネルギーを連想させる。青なら調和や平和や静けさを、黄色なら太陽光線や興奮やエネルギーを思い起こさせる。

発表者の多くは、シンプルに白黒のみを使っている。白黒は導入が簡単で（デフォルトだ）、私たちの目や頭になじみ深く（たとえば、ほとんどの紙書籍）、コントラストがきわめて高い（白地のページやスライドに黒いテキストはよく目立つ）。白黒にはこうした利点がある反面、それに劣らぬ欠点もある。つまり、そこには色本来の魅力が欠けているのだ。とりわけ白と黒だけで提示された研究結果やデータは、色のもつ効果がまったく活かされていない。

図 2.1 の 2 枚のスライドを見てみよう。白と黒しか使っていない左のスライドは、必要なデータをすべて提示しているが、聴衆の視線を特定の部分に向けさせることはない。白黒は何もストーリーを語らないし、見る者にどこに焦点を合わせるべきかという手がかりを与えない。右のスライドは、棒グラフの右端の棒を緑に変えたものだ。それだけで、その棒が強調され、データに聴衆の注目が集まる。

たとえば、複雑な表やグラフを表示している場合、色があれば聴衆の焦点がそこに定まる。グラフにはもともとなんらかの色が使われていると思うが、それをもっと戦略的にすることもできる。散布図に 40 個のデータポイントがある場合、それぞれのクラスターに色を塗って強調することに、はたしてどんな利点があるだろうか。白地に黒のテキストというデフォルトのスライド設定で満足している人でも、コントラストの高い色を加えて特定の単語を強調したり、グラフ内の特定のデータやパターンを目立たせたりすることはできる。白黒の棒グラフに、特定の数字や調査結果を目立たせる緑の棒をひとつ追加しただけで、どんなにちがって見えることだろうか。こうした戦略についてはデータ可視化の章

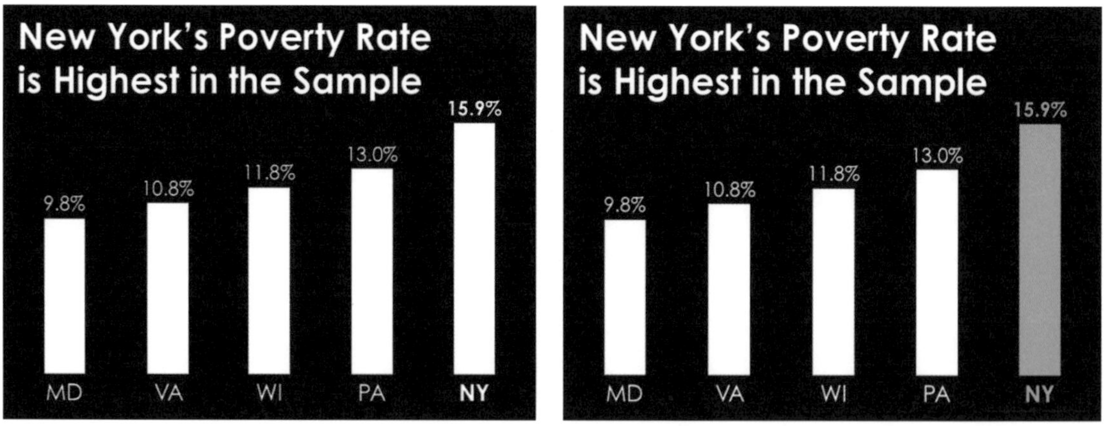

図 2.1　白黒のスライドに色を加える

（第 5 章）でくわしく説明することにして、ここでは、プレゼン資料全体における色の選択と使い方に関する一般的な戦略に焦点を当てよう。プレゼン資料全体を通してグラフやテキストなどに同じ色を使うと、統一感が生まれ、プレゼンテーションに視覚的一貫性をもたせられる。

カラーパレットの選択

では、見栄えがよく、統一感があり、聴衆の注意を特定のポイントに集中させるスライドを作成するのに役立つ適切な色を、どのように選択し、使用すればよいのだろうか。色の選択は、熟練のグラフィックデザイナーにとっても簡単ではない。そのため一般には、ソフトウェアのデフォルトの色見本をそのまま使用することが多い。それらの色は、かならずしも悪い色ではない。Microsoft Office のデフォルトのカラーパレットが気に入っている人もいるだろう。いちばんの問題は、みんなが同じデフォルト色を使っているということにある。要するに、誰のスライドもみな同じに見えるのだ。別のカラーパレットを選ぶだけで、プレゼンテーションを際立たせることができるだろう。

最初に、パレットに必要な色の数を決めよう。Microsoft Office には、4 つの「テキスト／背景」色（左側の 4 色）と 6 つの「アクセント」色があり、それぞれに 5 つの濃淡（**ティント**と**シェード**）がある（**図 2.2**）。

「色彩理論の基本」の節も参照

私の場合、パレットには 3 ～ 4 色（それに黒、白、グレー）あれば十分で、テキスト用とグラフ用に 2 ～ 3 色、特別な強調が必要となる複雑なグラフやスライド要素がある場合にはもう 1 色といった感じだ。私が属するワシントン DC の非営利研究機関アーバン・インスティテュート

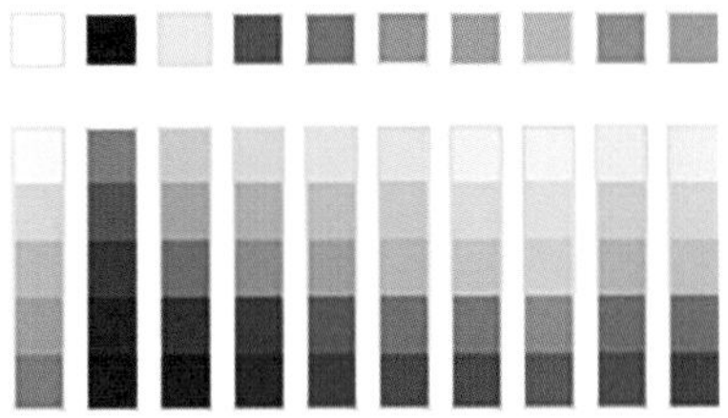

図 2.2　PowerPoint for Office 365 のカラーパレットの例

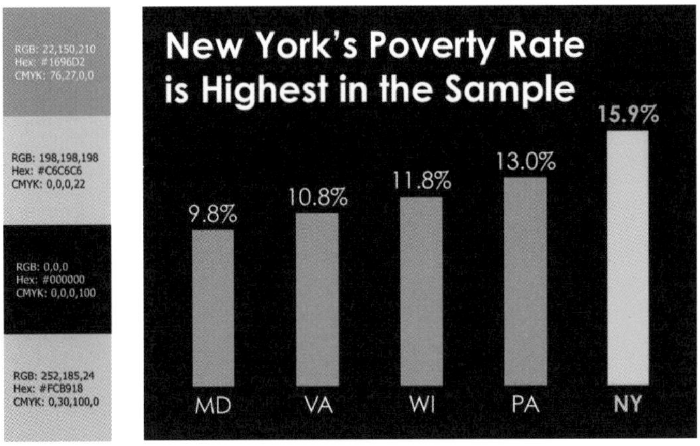

図 2.3　スライド作成におけるカラーパレットの使用

アーバン・インスティテュートのパレット
（U.S. Census Bureau〔米国国勢調査局〕, 2014[79] のデータにもとづく）

のカラーパレットを取り上げる（**図 2.3**）。私は研究者、そしてデータビジュアライゼーション（データ可視化）およびプレゼンテーションの専門家として、2014 年からここで働き始めた。アーバン・インスティテュートのパレットのメインカラーは、シアン、グレー、黒で、2 次色として黄色とマゼンタが使われている（フルカラーパレットにはシアン、グレー、黄色の濃淡が追加されている。これは、アーバン・インスティテュートのホームページ🌐で自由に見られる）。このパレットをプレゼン用スライドで使うと、青、黄色、白は黒の背景と強いコントラストをなし、黒と白は青やグレーの背景によく映える。

🌐https://urbaninstitute.github.io/graphics-styleguide/

私はさまざまなウェブサイトやツール、画像を使って、さらに 3 つのサンプルカラーパレットを作成してみた（**図 2.4**）。各パレットには、背景色またはテキスト色として簡単に入れ替えが可能な、明るい色と暗い色のペアが含まれていることに注意してほしい。また、キーワードの強調表示やグラフ内で使える「鮮やかな」色も追加してある。白と黒、さまざまな濃淡のグレーも、テキストや輪郭線、図形など各種用途に使用可能だ。各パレットには 4 色だけを選んだが、必要に応じてさらに色を追加できる。（この章では、図 2.3 および 2.4 のスライドを参照しながら、色が聴衆のスライドに対する知覚にどのような影響を与えるかを例証してみたい。グラフは Microsoft Excel で作成し、フォントには Century Gothic を用いた。）

これら 4 つのパレットはそれぞれ、右端の棒を強調するためにコントラストの高い色を使用している。アーバン・インスティテュートのパレットを使ったスライド（図 2.3）では、黒地に青い棒が目立つと同時に、右端のニューヨーク州（NY）の黄色い棒がほかの青い棒に対して際立っている。同様に、図 2.4 のいちばん上のスライドは、緑の縦棒が見る者の目に飛び込んでくる一方、残りの棒は青の濃淡でコントラストが低い。ほかの 2 枚のスライドは背景に明るい色を使っている。棒の色は、いちばん下のスライドではさえた青と赤、中央のスライドではくすんだカラーパレットを使っている。これら 4 つのスライドはまったく同じデータを示しているが、背景やテキストやグラフの色がちがうので、見た目の印象も異なっている。

これらのパレットには、色ごとにそれぞれ対応する一連のカラーコードが記載されていることに注目してほしい✎。これらのコードは、スクリーン（や紙）に色をどのように投影（または印刷）すべきかをパソコンに指示するものだ。カラーコードにはさまざまな種類があり、ウェブデザインから印刷物までさまざまな用途に使われている。図 2.3 および 2.4 のパレットの各色に書き込まれたコードは、次に示す 3 つの代表的カラーモデルを示している。

✎各スライドの左側に示したカラーパレット中に書かれた文字のこと。RGB、Hex、CMYK の 3 種類のコードを併記している。

1. **RGB**：これはパソコンの画面上に「見えている」色であり、赤（R）、緑（G）、青（B）の各色の光の組み合わせとして表現され（ゆえにRGB）、それぞれ0～255の値をとる。3つの値をそれぞれゼロに設定すると、色が完全になくなり、真っ黒になる。3つの値をすべて上限の255にすると、真っ白になる。そのほかの色はみな、その中間の値をとる。
2. **Hex**：「Hex Triplet（16進トリプレット）」カラーコードは、パソコンのアプリケーションで使用される6桁の16進数だ。RGBと1対1で対応しており、すべてのRGB値に相当する16進トリプレットがある。両者は「RGB to Hex」などのウェブツールを使えば相互変換が可能だ。

www.rgbtohex.net

3. **CMYK**：CMYKは、シアン（C）、マゼンタ（M）、イエロー（Y）、ブラック（K）を意味する。カラープリンターを開けると、各色に対応した4つのカートリッジが見えるはずだ。RGBやHexとは異なり、CMYKカラーモデルは**減法**式の色空間で、印刷ページ上のインク量を表している。CMYKカラーコードはパーセンテージで示される。4つの値すべてを0%に設定すると、白になる。黒を再現する場合は、C、M、Yの各コードを0%、Kを100%にする。CMYKとほかのカラーモデルを相互変換するツールはあるが、ある色空間のすべての色がほかの色空間で使用できるとはかぎらない。とくに茶系統の色はモニター画面に表示するのが難しく、鮮やかな青は印刷物では再現するのが困難だ。

その他の色はCとM、Y、Kのバランスを変えることで表現される。

www.codecrete.net/CMYKなど

多くの場合、これらのカラーモデル間の厳密なちがいがスライドにおける色の使い方に影響をおよぼすことはない。カラーモデルのおもな用途は、現実世界の色をプレゼンソフトに移し替えることだ。たとえば、先のパレットのどれかに含まれる色のひとつをテキストに使用したいとする。PowerPointでは、［フォント］または［書式設定］メニューから色メニューに移動し、［その他の色］を選択する。色を入力すると、その色が［最近使用した色］という新しいセクションの下に表示され、ほかのスライドオブジェクトやテキストに使うことができる。同様に、AppleのKeynoteを使っているなら、［テキスト］タブの［スタイル］メニューからカラーコードを入力する。LaTeXベースのプレゼン用パッケージBeamerを使用している場合は、「\definecolor{SchwabishBlue}{RGB}{22, 150, 210}」といったコマンドで、RGBコードに応じた色を直接指定する。

PowerPointやKeynoteを使って、再利用可能なカラーパレットを作成できる。作成後は、別のプレゼンで使ったり他人と共有したりするこ

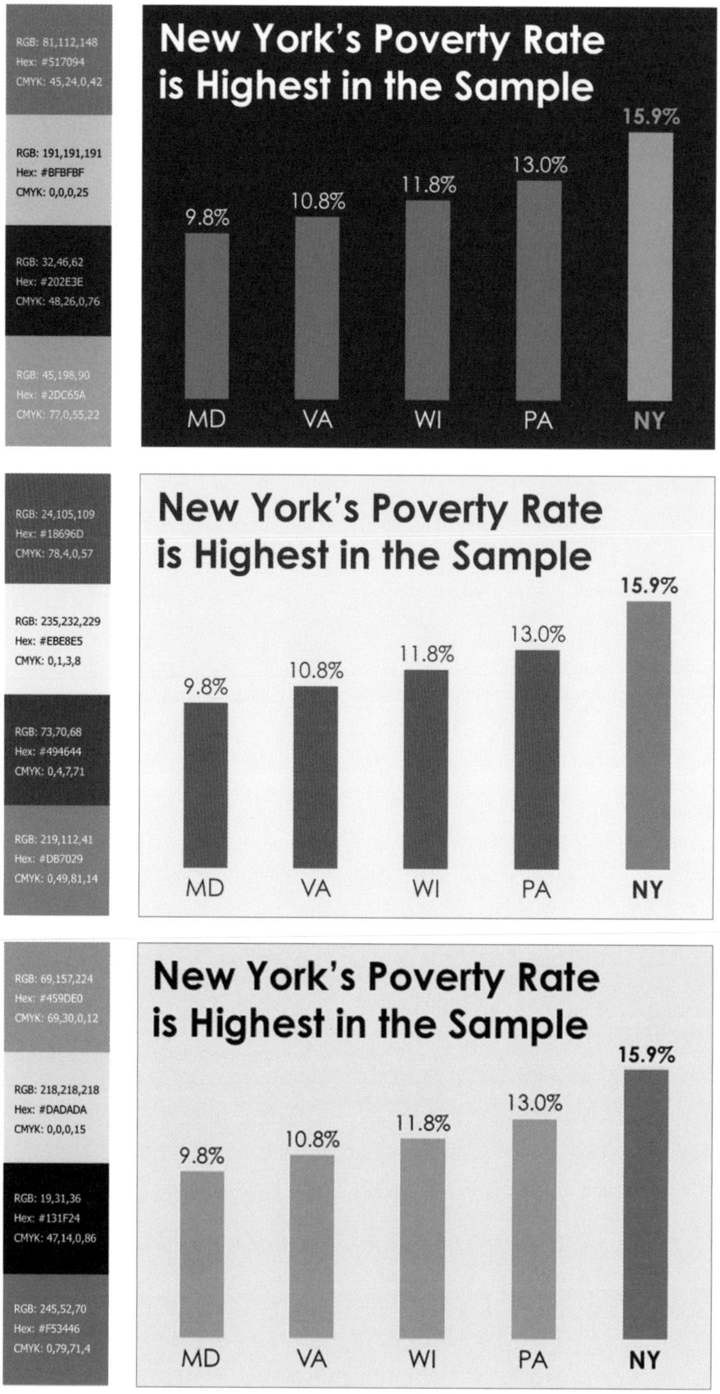

図2.4　スライド作成用カラーパレットの例

とも可能だ。PowerPointでこれをおこなうには、（［デザイン］タブから）［テーマ］を作成し、カラーパレットにさまざまなレイアウトやフォントを追加する。PowerPointで［テーマ］を作成すれば、デフォルトのパレットと同じように、カラージェネレーターが基本色のさまざまな濃淡を自動生成してくれる。

色彩理論の基本

色彩理論の基本を学んでおけば、カラーパレットの仕組みも理解できるし、パレットのどの色をどこでどのような組み合わせで使えばよいのかを適切に判断できるようにもなる。

カラーホイール（色相環）は、さまざまな色をたがいの関係がわかるように円形に配置しただけのものだ（**図 2.5**）。**色相**とは、「赤」や「青」のように、色につけられた名前のことで、私たちは通常、色を色相にしたがって限定・識別している。カラーホイールは、片方に暖色系（赤、黄色、オレンジ）、反対側には寒色系（青、緑、紫）が配置されている。この分類（およびカラーホイール全体における色どうしの関係）は、どんな色をどこでどのように使用すべきかを理解するのに役立つ。色どうしの基本的関係がわかれば、個々の色の特定の属性を変更することが可能になり、そうすれば、スライドの特定の要素（テキスト、グラフ、図形など）を際立たせ、そこに聴衆の注目を集めることができる。

色相に次いで重要な色属性は**明度**だ。色の明度（または輝度）は、黒か白を加えることで変化する。もとの色相に白を追加すると（つまり、ティントを調整すると）、カラーホイールの内側に移動する。同様に、シェードは黒を追加することによって生成される色であり、カラーホイールの外側に移動する（**図 2.6**）。

例として、もとのスライドの背景色を青にした場合を考えてみよう（**図 2.7**）。青の明度を調整して、下に行くほど背景を暗くしてあり、コント

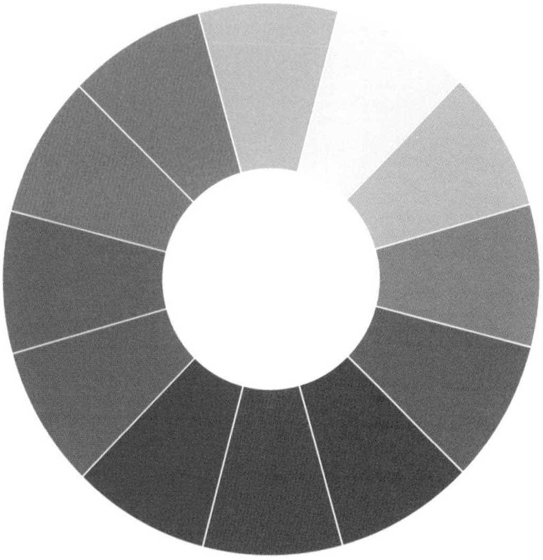

図 2.5　**基本的なカラーホイール**

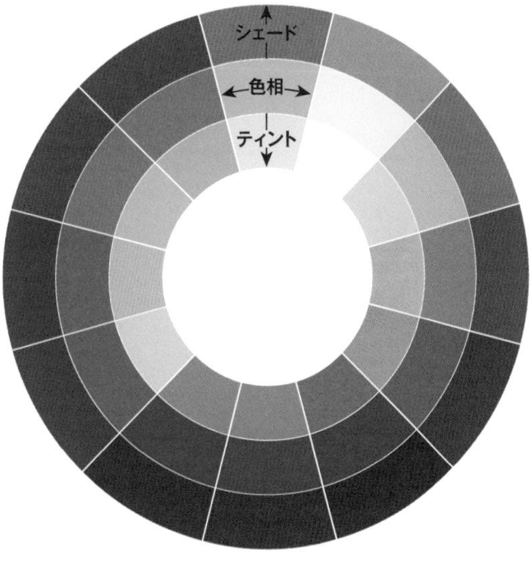

図 2.6　**色相、ティント、シェードを表示した基本的なカラーホイール**

ラスト（次節でくわしく論じる）が変わるにつれて、スライドの文字が読みやすくなったり、読みにくくなったりする。一般に色つきの背景にする場合は、プレゼンターのガー・レイノルズが『プレゼンテーションZEN デザイン』[65] で説明しているとおり、寒色系は遠ざかっていくように感じられるため、暗い色のほうが効果的であることが多い。それとは対照的に、暖色系は近づいてくるように、あるいは生き生きとしているように感じられる。そのため、図形、テキスト、グラフなどの前景として使うのがもっとも効果的であることが多い。この例では、背景がもっとも暗いスライド（図 2.7 下）でコントラストがもっとも高く、暖色系の棒とテキストが浮き出て、こちらに近づいてくるように見える。

色の**彩度**（または**クロマ**）の調整は、色相の相対的な純度を変更するこ

COLUMN 3　PowerPointでの背景の書式設定

PowerPoint で背景色を設定するには、［デザイン］メニューから［背景の書式設定］を選択するか、スライドを右クリックして［背景の書式設定］オプションを選択する。どちらの手順でも標準の書式設定メニューに移行し、色、グラデーション、図またはテクスチャ、パターンなどを選択できる。PowerPoint の［スライドマスター］を使えば、すべてのスライドの背景色を一挙に設定できる。［スライドマスター］を使用すると、ロゴ、日付、ウェブサイトの URL など、すべてのスライドに表示される要素を配置することもできる。私はこの手のスライド要素に必要性をほとんど感じないが（第 4 章でくわしく論じる）、免責事項の通知や組織のブランド設定など、繰り返し表示する必要がある場合は［スライドマスター］を使うと便利だ。（注：**マスター**スライドに要素を追加した場合は、個々のスライドからは削除できない。ロックされた状態なので、変更したい場合は［マスター表示］に戻るか、別の**マスター**テンプレートを使用するほかのファイルのスライドを挿入すること。）

PowerPoint では、あるプレゼンファイルのスライドを別のプレゼンファイルに貼り付ける場合、新しいプレゼンファイルのスライドデザインが貼り付け先のスライドに適用される。そのスライドを新しいファイルに貼り付けると、小さなクリップボードのアイコンが表示される。もとのスライドの書式を維持するには、このアイコンの右側にある矢印をクリックして、［ソースフォーマットを維持］を選択する。（注：この場合、マスタースライドの書式設定が変更されるため、あとで設定し直さなければならないこともある。）

とでも可能だ。彩度の調整とは、もとの色をさえた色にしたりくすんだ色にしたりすることだと考えればいい。彩度を調整すると、鮮やかな色からにぶい色になり、最終的には色のないさまざまな濃淡のグレーへと移行する。**図 2.8** の例では、上から下へ背景の紫の彩度を減らしていった。かならずしも暗くはならないが（明度を調整しているわけではない）、どんどんグレーがかっていく。彩度スペクトルの反対方向に進むと、より鮮やかな紫が生成される。

以上の例からもわかるように、プレゼンでひときわ目立つ色はスライドの背景部分だ。白の背景を使う発表者が多いが、パレットから明るい色や暗い色を選ぶと、独特の外観と雰囲気をもつスライドができ、スライド上の特定要素にほかの色を使うことで注意を引きつけやすくなる。

どんな背景色を選ぶべきかは、プレゼンの規模（学会の基調講演、学科のセミナー、小さな研究会など）や、会場が明るいか暗いかなど、さまざまな要因によってちがってくる。明るく小さな部屋なら、明るい背景を使ったほうがよいかもしれない。そのような環境では、暗い背景に明るいテキストを配置すると、色あせて見えることがあるからだ。また、私たちは明るい背景で暗いテキストを読むことに慣れているので、とくに聴衆がスクリーン近くに座るような小さな会場では、そのほうがより自然に感じられるだろう。明るい背景のスクリーンの前に立つと、暗い背景の場合よりも自分の影が目立つのではないかと心配する人もいるようだが、個人的には、とくに学科のセミナーや学会発表の場合は、あまり気にすることはないと思う。

ただし、とくにプレゼン会場が小さくて薄暗い場合は、背景が白またはとても明るい色だと、少しまぶしく感じられることがある（ときには目がくらむことも）。このような環境では、まぶしい白は避け、明るめのグレーまたは淡色系の背景を使ってみるのもひとつの手だ（**図 2.9**）。

会場が暗いかあまりに広い場合は（基調講演の場合など）、暗い背景のほうがうまくいくことも多い。Apple の元チーフエバンジェリストであるガイ・カワサキは、つねに黒の背景を使うべきだと主張している[42]。厳粛さが増し、真っ白な背景よりもスライドが読みやすいというのがその理由だ。私はこのルールの忠実な支持者というわけではないが、たしかに暗めの会場では、暗い背景のほうがスライド内の要素が引き立つことが多いと思う（**図 2.10**）。

ほとんどのプレゼンソフトには、単色ベタ塗りの背景に代わるデフォルトの背景が用意されている。PowerPoint の場合、こうした出来合いの背景には（[テーマ] または [背景のスタイル] メニューから見られる）、たいてい四角形やへんてこな図形、目立ち過ぎる色使いなど、不必要で気が散る要素が含まれている。一般に、この種のごてごてしたテンプレートは避けたほうがいい。あまり目立たない背景図形やテクスチャ、グラデーションであっても、不要な混乱をスライドに招き入れ、聴衆の注意をコンテンツからそらしてしまうことが多いからだ。

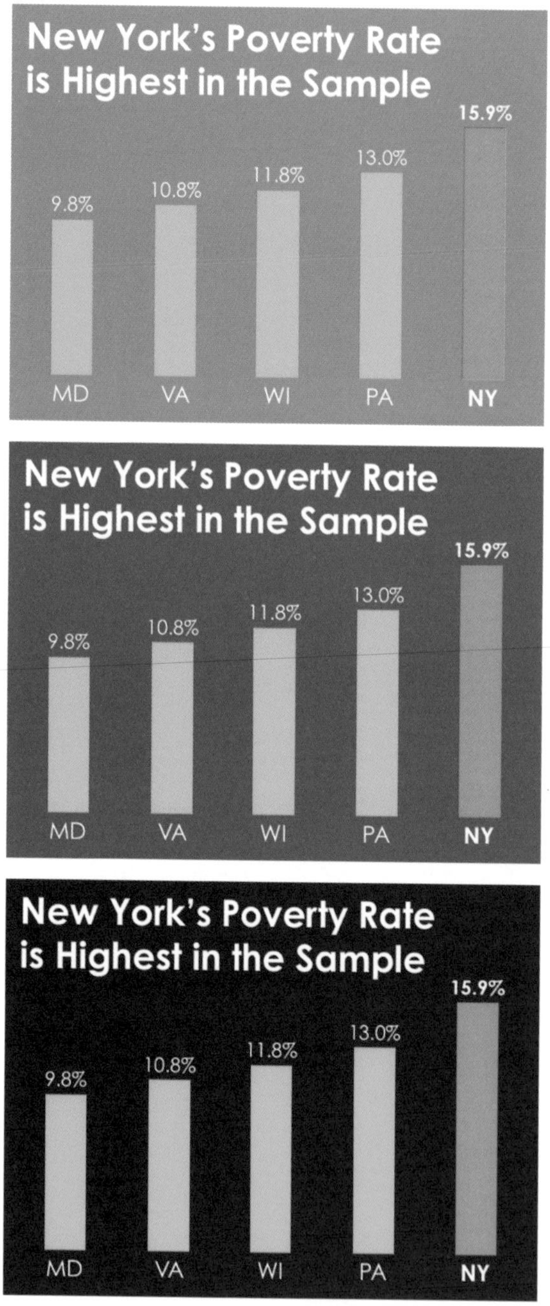

図2.7　明度の変更

上から下へ背景の青の明度を下げた。
下の背景がもっとも暗いスライドでコントラストが
もっとも高く、棒とテキストが近づいてくるように見える。

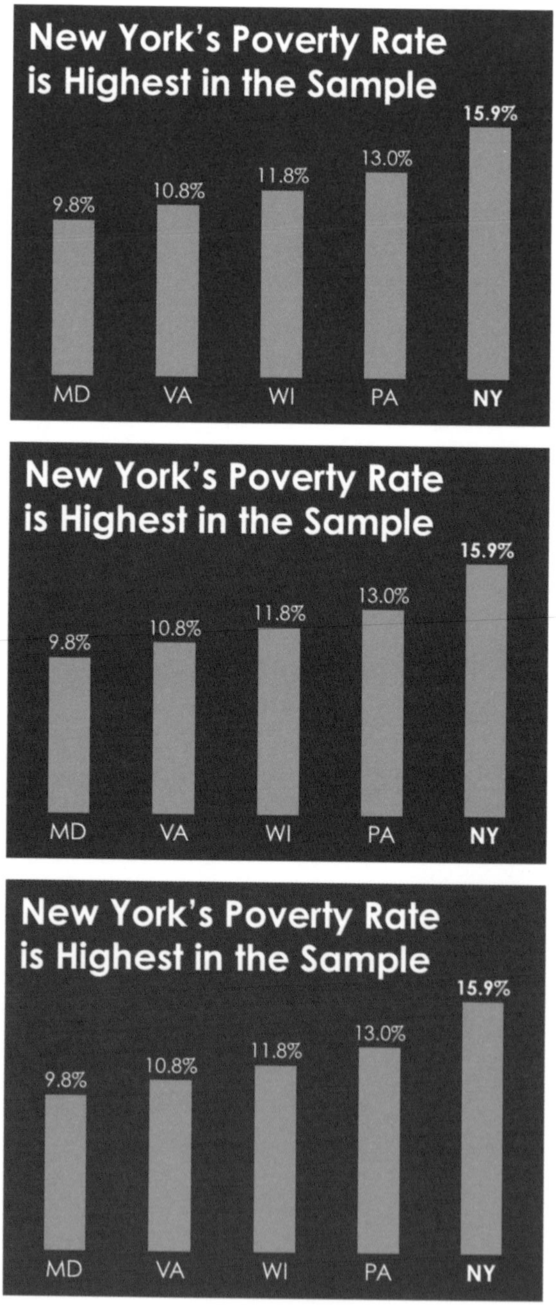

図2.8　彩度の変更

上から下へ背景の紫の彩度を減らした。

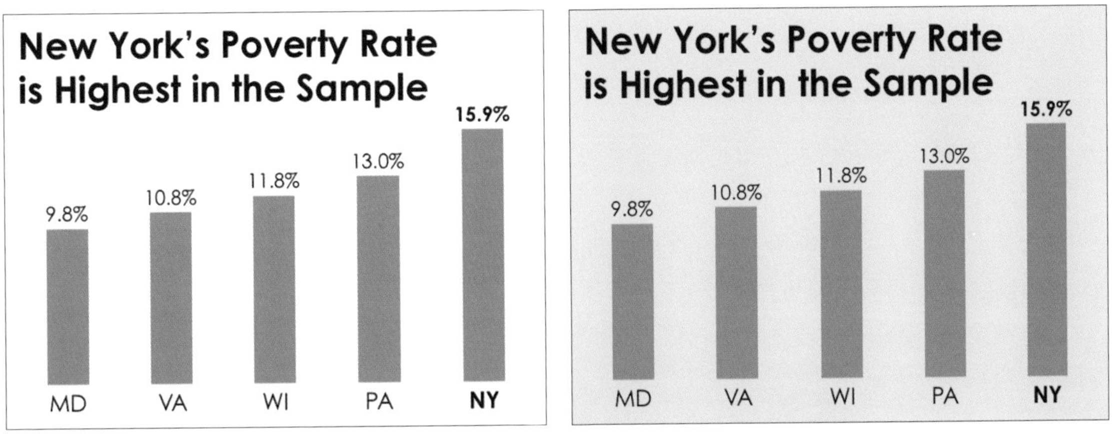

図2.9　明るい部屋では白、薄暗い部屋ではグレーの背景を使う

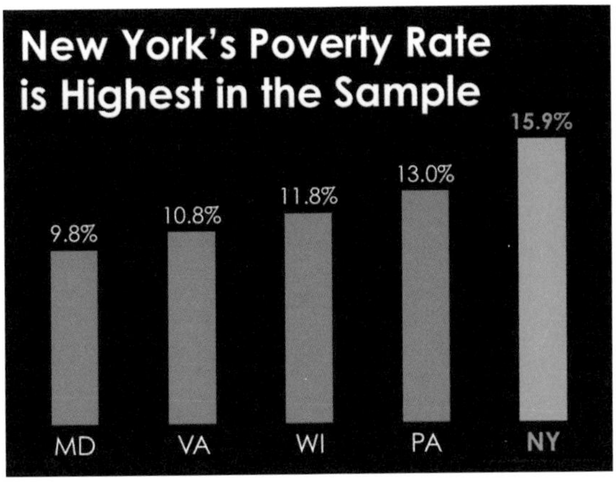

図2.10　暗い部屋では暗い背景を使う

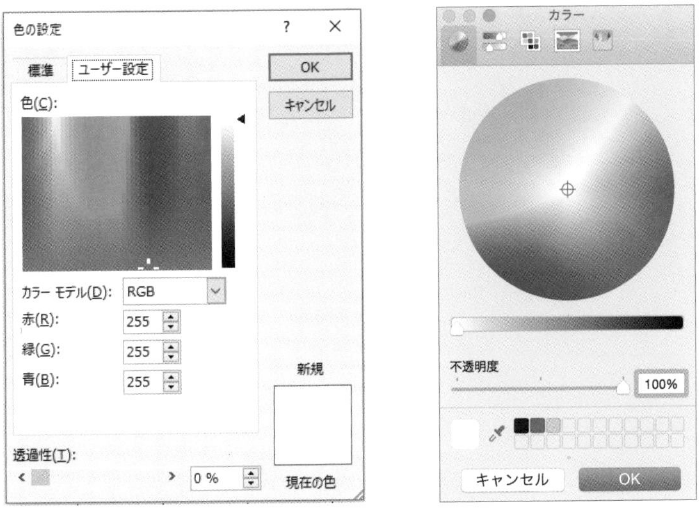

図2.11　PowerPointのカラーピッカー

左：Windows版PowerPoint for Office 365、右：Mac版PowerPoint 2016

COLUMN 4 PowerPointのカラーツール

色の3属性（色相、明度、彩度）のそれぞれは、ほとんどのプレゼンソフトに付属している標準的なカラーピッカーで調整できる。**図2.11** 左は Windows版 PowerPoint for Office 365 のもので、色相を選択し、色のついた長方形内でカーソルを上下に動かして彩度を調整したのち、右側のスライダーを使って明度を変更する。同様に、Mac版 PowerPoint 2016（図2.11右）では、色相を選択し、円内でカーソルを動かして彩度を調整し、円の下のスライダーを左右に動かして明度を変える。

色のコントラストの活用

どんな背景色を使うにしても、その色をほかの表示予定のオブジェクト（テキストやグラフ、さまざまな図形など）の色と組み合わせる必要がある。色を選ぶ際にいちばん考慮すべきなのは、コントラストだ。どんなカラーパレットであっても、色のコントラストが十分にあれば、聴衆はコンテンツを読みやすく、また注意を向けやすくなる。

カラーホイールを使って十分なコントラストのあるカラーパレットをデザインしたり、パレットの色の組み合わせを調整したりすることによって、要素どうしのコントラストを上げることができる。コントラストを生み出すために使える戦略はいろいろあるが、もっとも一般的な方法は次の4つだ。

1. **単色**はカラーホイールのひとつの半径に沿って配置されており、単一の色相を特徴とするが、その色の明度は濃淡によって変化する。単色カラーパレットは、スライド全体に統一感をもたらす（**図2.12**）。このパレットは、使う色をひとつ選べばよいだけなので、かなり簡単に作成できる。PowerPoint での**単色**カラーパレットの導入はきわめて簡単で、カラーパレットツールが色ごとにさまざまな濃淡を自動的に生成してくれる。多くのプレゼンソフトは、［透明度］を変更することによっても各色相の明度を調整できる。PowerPoint の場合は、［書式設定］メニューで［透明度］を変えられる。単色パレット内で高いコントラストを得るには、**明度**スペクトルの両端の色を選べばよい。

2. **補色**はカラーホイールの反対側に位置する。パレットの補色を使うと、コントラストの高い色を確実かつ簡単に選び出せる。彩度100%で使うと、補色はとても鮮やかに見えるが、少し強すぎるかもしれない。その場合は、その色の明度か彩度を調整することで改善できる（**図 2.13**）。
3. **類似色**はカラーホイールの両隣に位置する。類似色を使うと、色相が似通っているので、スライドに統一感が生まれる（**図 2.14**）。ばらばらの色をいちいち選んでプレゼンソフトに入力する必要があるため、類似色カラーパレットの導入は少し難しいかもしれない（プレゼンソフトが濃淡を自動生成してくれることの多い単色カラーパレットなどとは異なる）。
4. **無彩色**に色相はない。あるのは黒と白、さまざまな濃淡のグレーのみだ。多くの研究者にとっては、これが本当のデフォルトカラーパレットだ。無彩色カラーパレットは、プレゼンに導入するのがきわめてやさしい。白黒に組み合わせる（鮮やかな）色を選べば、それで終わりだ。白黒のプレゼンでいくことに決めたら、スライドの特定箇所（文字やグラフの一部など）を強調する際は、単色を選ぶことを強くおすすめする。とはいえ、やってみればわかるが、かならずしもすべての色の組み合わせがうまくいくわけではない。たとえば、黒地に黄色のテキストはコントラストが高いが（**図 2.15** 左）、白地に同じく黄色のテキストではほとんど読み取れない（図 2.15 右）。

NASA エイムズ研究センターによると、「グラフィックにおける色の選択でもっとも重要な側面は輝度コントラストである」[53]。これは理にかなっている。輝度または明度は、大まかにいって、2 つの色における見た目上の明るさのちがいを決定づけるものだからだ。したがって、明度にコントラストが十分にあれば、もっとも見やすくなる。つまり、人間の目は、色相や彩度の変化よりも、明度の変化に敏感なのだ。色相も彩度ももたず、明度スペクトルの両端に位置する黒と白がきわめて効果的なペアであるのは、このためだ。同様に、明度をきちんと調整すれば、黒い背景には暗い緑（**図 2.16** 左）よりも明るい緑の文字（図 2.16 右）のほうが読みやすい。

気づかれたかもしれないが、この章で例示してきたパレットでは、似たような強さの赤と緑の組み合わせをひとつも使用していない。これは、（ゲーゲンフルトナーらの『Color Vision: From Genes to Perception〔色覚：遺伝子から知覚まで〕』[33] によると）およそ男性の 9% と女性の 0.5% がなんらかの形の色覚障害をもっているからだ✐。色覚障害にはさまざまなタイプがあるが、もっとも一般的なのは、特定の濃淡の緑と赤を見分けるのが難

✐日本人の場合、男性の 5%、女性の 0.2%（日本眼科医会ホームページ内「冊子『色覚異常を正しく理解するために』」〈https://www.gankaikai.or.jp/colorvision/post_9.html〉を参照）。

しいタイプだ（これは「D型色覚」と呼ばれている）。すべての赤と緑の色の組み合わせが見分けづらいというわけではなく、つまるところ、すべてはコントラスト次第なのだ。色覚障害者にとって、コントラストが高い（明度に差がある）赤と緑なら容易に区別がつくだろうが、コントラストの低い色を見分けるのは厳しいだろうし、ことによると不可能かもしれ

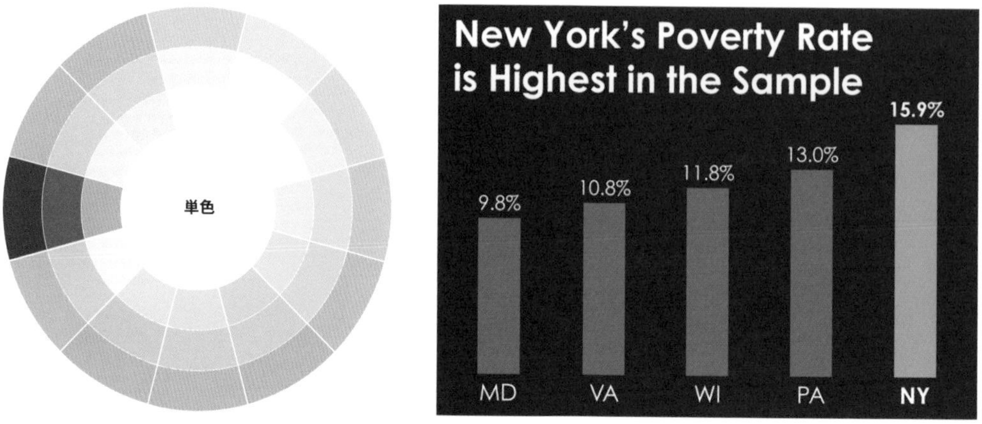

図2.12　**単色カラーパレット**

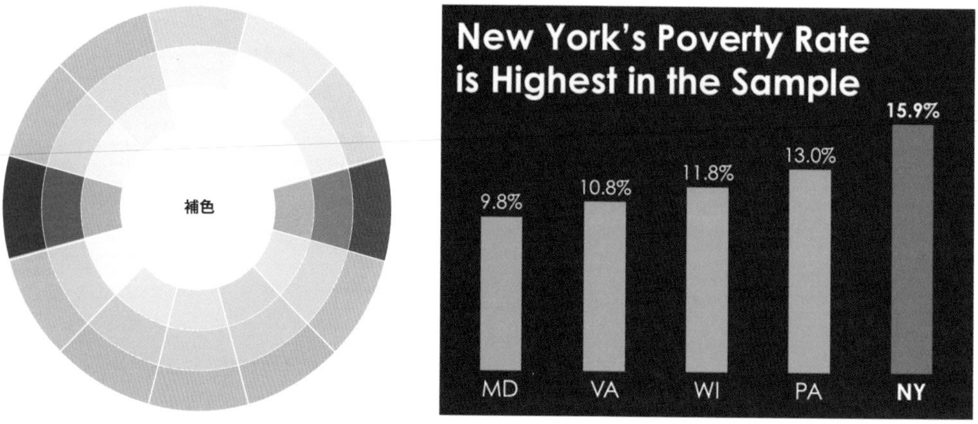

図2.13　**補色カラーパレット**

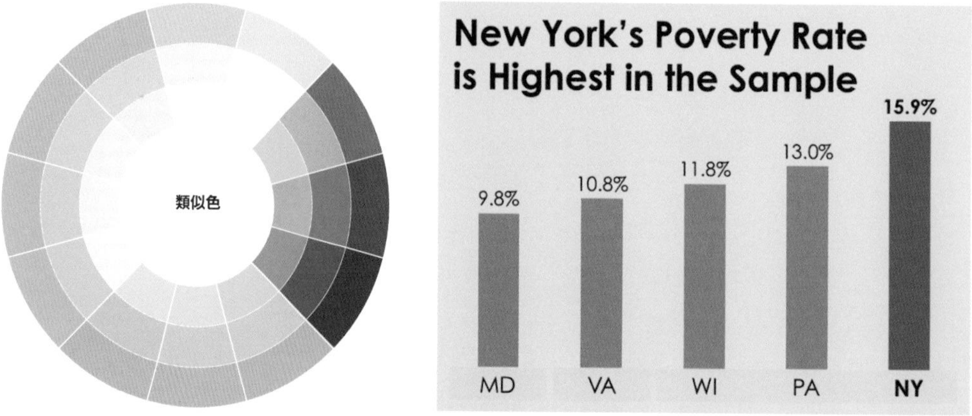

図2.14　**類似色カラーパレット**

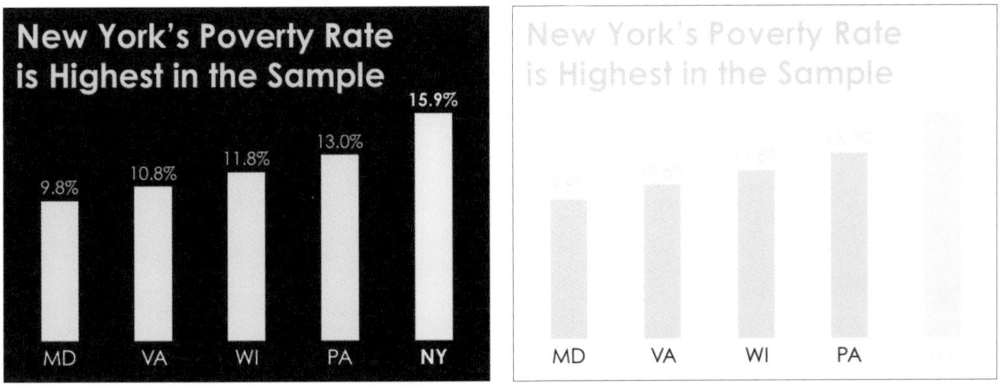

図2.15　**無彩色カラーパレット**

図2.16　**明度の力**

図2.17　**色覚多様性に配慮した色の組み合わせ**

上の赤と緑の組み合わせは、色覚障害者には非常に見分けにくい。

ない（**図 2.17**）。

カラーパレットのコントラストチェックに使える（無料の）ツールがいくつかあり、視覚障害者に対する配慮と一般的なコントラストの有効活用の両面で役に立つ。私は、Contrast Checker、WebAIM、David Paradis の Color Contrast Calculator あたりが気に入っている。いずれのツールも、W3C（World Wide Web Consortium）作成の WCAG（Web Content Accessibility Guidelines）にしたがって、選択した色のコントラストをテストし、点数化するものだ。WCAG には、障害者が利用しやすく、一般のユーザーにとっても見やすいウェブコンテンツを作成するための、さまざまな推奨事項が網羅されている。また、Color Oracle、Coblis Color Blindness Simulator、Vischeck などの無料ツールを使えば、画像やカラーパレットをテストして、さまざまな視覚障害をもつ人に適しているかどうかを確認できる。マット・カーターの提案によるもっとローテクな方法もある[12]。テストしたいスライドを白黒プリンタで印刷するか、パソコンの［印刷プレビュー］オプションを使ってスライドを白黒で表示してみればいいのだ。

一般に、色に関して、なかでもコントラストに関しては、自分の直感を信頼すべきだ。パソコンのモニターでスライドが読みにくいと感じた場合は、プレゼンのスクリーンで見る聴衆は、さらに読みづらいと感じる可能性が高い。

独自カラーパレットの作成

プレゼンにおける色の使い方について真剣に考え始めるようになったら、プレゼンソフトに入っているデフォルトのカラーパレットでは飽き足らず、さらにその先を探索したいと思うかもしれない。ならば、インターネットは発想や資源、ツールの無限の貯蔵庫だ。ネット上にはカラーパレットの具体例を提供するさまざまなカラーピッキングツールがあり、その多くが無料で利用できる。その気になれば、ウェブツールだけで独自のカラーパレットを作成することさえ可能だ。以下にその一部を挙げておく（本書の参考サイトにもっとくわしい情報がある）。

Adobe Color：使いやすく人気のツールで、RGB や Hex などのカラーコードを入力するか、カラーホイール上でスライダーを動かして、色をあれこれ変化させることができる。さまざまな配色（単色、補色、類似色など）を作成するのに便利なプリセットガイドが用意されているので、ひとつの色を選択すれば、後はセレクターを使って、5

色のフルカラーパレットを作成できる。カラーパレットギャラリーを閲覧して、ほかの人が作成したパレットを利用することも可能だ。

ColorBrewer：本来は地図に色を塗るために考案されたツールで、さまざまな条件を選択すれば、それに見合った所定のカラーパレットが選べる。条件には、データの種類数、データの形式（連続的、分岐的、定性的など）、色相の数、色覚多様性・コピー・印刷に対する適性、などがある。パレットを選択したら、そのカラーコードをコピーまたはエクスポートできる。

COLOURlovers：クリエーター向きのこのサイトは、特定のカラーピッカーやジェネレーターを提供するのではなく、他人のパレットを目玉にしている。また、さまざまなカラーツールやクリエーターの作品を収めたすばらしいライブラリもある。

Design Seeds：このウェブサイトには、写真から直接抽出されたカラーパレットが多数収められている。それらのカラーパレットは、もとの写真を見ることができるため、より現実的な感じがする。コンテンツと画像を視覚的に結びつけることができれば、このサイトで提供されているカラーパレットを自分のプレゼンに活用できるだろう。

自分独自のパレットをゼロから作成することも可能だ。私はグラフィックデザイナーではないので、身のまわりやネットで見かけた色、あるいは実在のデザイナーが作成した色を手がかりにすることが多い。ウィスコンシン大学のロゴの色やGAPの広告の色が気に入ったら、それを出発点として活用できる。キャッチボールをしている子供たちの写真の色がスライドに使えると思ったら、それを使えばいい。ウェブサイトや画像の色をスライドに取り込むための色抽出ツール（カラーピッカー）はいくらでもある。機能に大差はなく、画像の使ってみたい色の上にマウスを合わせると、カラーコードが表示される仕組みだ。Keynoteや最近のPowerPointには、この種のツールが組み込まれている✐。DigitalColor Meterは、MacのOSにプリインストールされているソフトウェアで、同じように機能する。Instant EyedropperやColorCopなど、Windows用のサードパーティー製フリーソフトもある。

✐PowerPointでは「スポイト」と呼ばれる。

図2.18上段の2つの写真を検討してみよう。私はこれらの写真からそれぞれ4色ずつ抽出した（中段）。まず、テキスト用と背景用に極端に明るい色と極端に暗い色の2色を選び、次に、グラフなどのスライド要素で注意を引くために使うアクセントカラーを2色選んだ（下段）。画像を見つけ、色を抽出し、スライドでテストするまでにかかった時間は、全部で約30分だ。

図2.18　Unsplash.comの写真を使って作成したカラーパレット

（写真：［左上］Todd DeSantis、［右上］Hernan Lucio）

COLUMN 5 レインボーカラーパレット

連続的に変化するレインボーカラーパレットの使用には注意が必要である。レインボーパレット上では数値の差と見た目のちがいが一致していないからだ。**図 2.19** では、色相を 3 の位置から 4 の位置に変えても、緑の濃淡の差異はまったくといっていいほど知覚できないだろう。しかし、同じように色相を 5 から 6 の位置に変えると、水色から紺色にはっきりと変化する。

1996 年、IBM の 2 人の研究者バーニス・ロゴウィッツとロイド・トレイニッシュは、連続的なレインボーパレットを使用すると、画像から得られる結論に誤りが生じる危険があるが、人間の知覚システムにうまく対応したパレットを使った画像では明確な結果を出せることを証明した[66]。最近では 2011 年の研究において、ミシェル・ボーキンらは心臓病の診断検査を見直し、3 つの色を連続的に変化させるレインボーパレットを使った表示から分岐カラーパレット✎を使った表示への変更を試みた[6]。その結果、全体的に見て、レインボーパレットから分岐カラーパレットへの変更によって 21％誤診が減少したことがわかった。また、2 色を連続的に変化させるレインボーパレットから分岐カラーパレットへの変更によって、29％も誤診が減ったという。

✎一般に、中心に白、その両端に異なる2色を配し、その間を連続的に変化させたパレット。

ポイント：色を使って理解を促すためには、不連続な色の組み合わせにこだわるようにしよう。

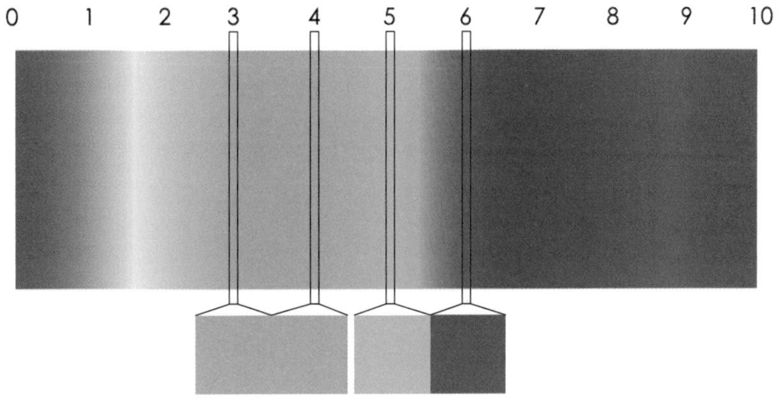

図 2.19　連続的に変化するレインボーカラーパレット

3と4の色のちがいは知覚できないが、5と6の色ははっきり異なる。

▼▼▼▼▼

どんな方法で選んだとしても、色は聴衆を引きつけ、データを可視化し、聴衆の注意を特定のポイントに集中させるための強力なツールであることを覚えておこう。

「色」について覚えておくべき3つのこと

1. 可視化：色は重要だ。プレゼンの重要な部分を強調するために、色を慎重かつ戦略的に利用すること。

2. 統一：プレゼン資料全体を通して、一貫した色の使い方を心がけること。

3. 集中：スライドの特定部分に聴衆の注意を集めるために、色を効果的に使うこと。

第3章 文字

集中の指針にもとづき、スライドに配置するものをできるだけ減らすことを強くおすすめしたい。文字を減らし、不用品を減らす。そうすれば、聴衆の注意を本当に重要な場所に向けさせることができるだろう。文字も色と同じく、発表者が配慮しているとはかぎらないデザイン要素だ。しかし、聴衆にとっては大きなちがいが生じることもある。文字を使うなら、目的をもって使うべきだ。色と同じく、文字の外観も選択次第では、聴衆が見ているものに影響を与え、彼らのプレゼンに対する全体的な認識を左右することになるからだ。文字デザインの重要性は、エリック・シュピーカーマンとE・M・ジンジャーによる著作[73]にわかりやすくまとめられている。「活字のメッセージを見る者は誰でも、目に触れた瞬間から、ページ上にあるすべてのもの——さまざまな要素の配置や各要素の外観——に影響される。言い換えれば、最初の単語を読む前から、私たちの頭のなかには全体的な印象が生まれているのだ」。だから、スライドにテキストを配置する前に、テキストが最終的にどのように表示されるかについてじっくり検討しておく必要がある。

この章では、複数のフォントを効果的に使う方法を中心に説明する。ただし、先に強調したように、各スライドに配置するテキストの量を減らすことは、たんにスライドを読むという観点だけでなく、聴衆の注意を発表者に向けさせるという点でも重要な戦略になる。**図3.1**のスライ

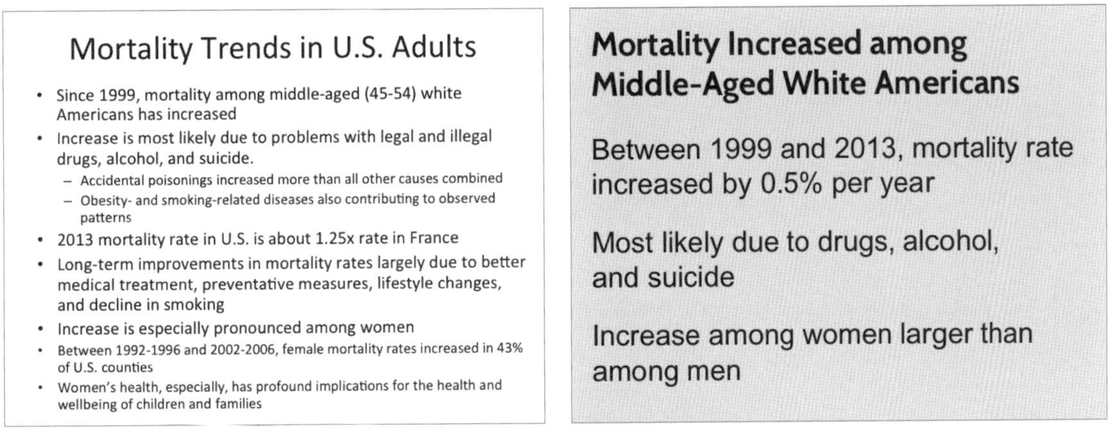

図3.1　テキストを減らして文字サイズを大きくする

ドを見てみよう。左は典型的なテキスト過多のスライドで、語数が多すぎ、文字が小さすぎる。フォントにはデフォルトの Calibri が使われている。文字色は黒で、背景が白だ。右のスライドは左を修正したもので、Cabin フォントを使っている（これはプレゼンにうってつけのフォントだと思う。文字間隔が絶妙で、レギュラーフォントと太字フォントのちがいが大きいからだ）。また、語数も減らした（そうすれば、文字サイズをかなり大きくできる）。さらに、タイトルに色を加えて本文と区別し、背景も明るすぎないようにグレーに変えてみた。テキストをもっと減らしたり、ビジュアルを使ったりすると、聴衆の注意を引きつけることができるはずだ（その方法については、あとの章で説明する）。

文字を大きくする

文字を大きくしよう。これが最初のアドバイスだ。単純なことだが、聴衆にとってはきわめて大きな意味をもつ。

スライドにテキストを挿入するときは、部屋の後方にいる人を考慮してデザインすること（**図 3.2**）。スライドの外観を論文のページのようにしてはならない。広告看板のように、シンプルで文字が大きく、直接的で記憶に残るものにすべきだ。文字の大きさは、標準的サイズの 12 ポイント、14 ポイント、16 ポイント、18 ポイントにこだわる必要はない。使えるスペースに合わせて、できるかぎり文字サイズを大きくしよう（**図 3.3**）。通常は 28 ポイント、36 ポイント、48 ポイント、あるいはそれ以上に設定すべきだ。最小フォントサイズを 28 ポイントにすることをすすめる本もある。これは妥当な経験則だ。ただし、フォントによっては、

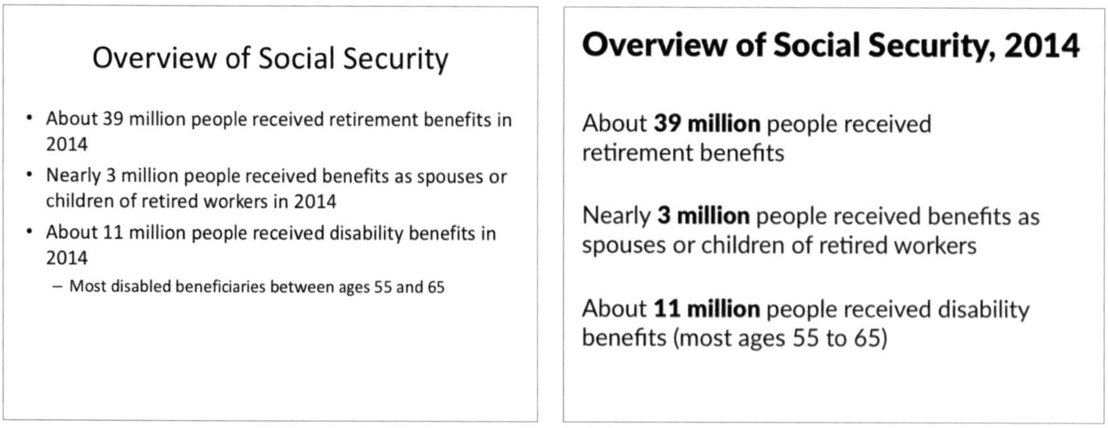

図 3.2　部屋の後方にいる人に配慮したテキストにする

（Social Security Administration〔社会保障管理局〕, 2016[70] のデータにもとづく）

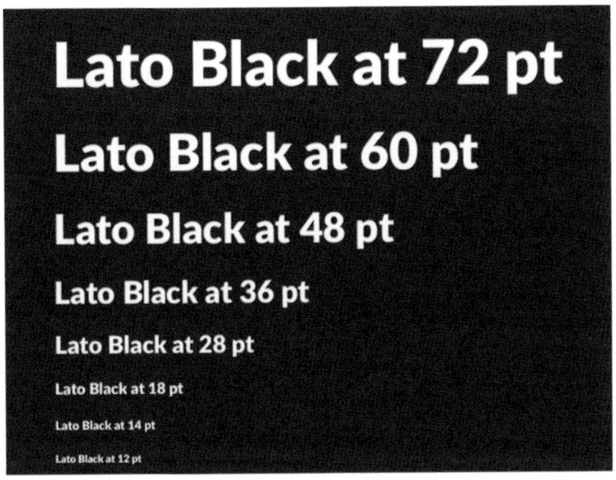

図3.3　文字を大きくする

文字の太さや文字間隔のせいでほかのフォントよりも小さく見えることがあるので、注意が必要だ。文字が大きすぎることはめったにないが、小さすぎることはよくある。見出しがひとつで、細目がほとんどないスライドの場合、私なら最低でも45ポイントの文字を使う。文字サイズを大きくすると、部屋のうしろにいる人に配慮したスライド作成に役立つだけでなく、スペースが制限されるので、スライドに配置できる文字数がおのずと少なくなるという利点もある。

文字サイズが聴衆にとって十分に大きいかどうかを確かめるには、スライドを50～60％に縮小するか（PowerPointでは、右下にあるスライダーを使う）、あるいは単純に、作業をしている部屋の反対側に移動すればいい。可能であれば、実際にプレゼンをする部屋でスライドの投影を試しておこう。予定の部屋で試してみることができない場合は、パソコンのモニターではなく実際にプロジェクターを使ってみれば、文字のサイズが適切かどうか、おおよその判断がつくだろう。スライドを楽に読むことができれば、聴衆も同じように読めるはずだ。

COLUMN 6　フォントのインストール

パソコンにフォントをインストールするのはじつに簡単だ。通常は、複数のフォント（例：Avenir、Avenir Light、Avenir Bold）からなるフォントファミリーを、圧縮された「ZIP」ファイル形式でダウンロードする。次に、ファイルを解凍する。解凍は、圧縮フォルダをダブルクリックまたは右クリックすると、自動的におこなわれる。

Windowsオペレーティングシステム（OS）を実行しているパソコンでは、フォントファイルをダブルクリックすると、上部に［インストール］ボタンのある新しいウィンドウが開く。このボタンをクリックすると、ファイルは自動的に［フォント］フォルダに移動する。あるいは、フォントファイルを直接［フォント］フォルダにドラッグ＆ドロップしてもいい。最近のバージョンの Windows OS では、［フォント］フォルダは［コントロールパネル］にある。Mac OS では、［ライブラリ］フォルダ内に［Fonts］フォルダがある。パソコンにフォントまたはフォントファミリーをダウンロードすると、圧縮フォルダ内に、.ttf（「TrueType」）と .otf（「OpenType」）のように、拡張子の異なる複数のファイルが入っていることがある。これについては、パソコンのオペレーティングシステムがどのファイルを使えるか教えてくれるので、あまり心配する必要はない。インストールし終わったフォントを使用するには、プレゼンソフトを再起動する必要がある。再起動すると、新しいフォントが［フォント］メニューに追加されている。

どちらのオペレーティングシステムでも、［フォント］（［Fonts］）フォルダから削除するだけでフォントをアンインストールできる。

書体のちがいと選び方

文字のデザインを決定づけるのは、文字の大きさだけではない。もうひとつ重要な要素がある。それが書体またはフォントだ（この2つの用語の意味は厳密には異なるが、一般的には区別なく使われている）。書体はセリフ体、サンセリフ体、スクリプト体の3つに大別される✒。セリフ体は文字の先端に「ひげ」などの装飾がついた書体で、他方、サンセリフ体にはひげ飾りがない。スクリプト体は波打ったラインが特徴で、文字の一部がセリフ体とサンセリフ体の一般的なベースラインを下回ることもある。

✒日本語書体については65ページ参照。

図 3.4 の3枚のスライドを見比べると、たがいのちがいがはっきりわかるだろう。いちばん上のスライドは、サンセリフ体の Aller というフォントを使っている。2番目は、ワープロソフトでおなじみの Times New Roman というセリフ体フォントが使われている。いちばん下のスライドは、スクリプト体の *Apple Chancery* というフォントを使用している。3枚のスライドのそれぞれの書体の特徴がよくわかるだろう。たとえば、「stroke」の「k」をじっくり見比べ、3つの書体のちがいの大きさに注目してほしい。

プレゼンテーションに最適な書体は、サンセリフ体だ。一般的にセリフ体の文字はサンセリフ体よりも細く、低解像度のプロジェクターではセリフ体のひげ飾りが消えてしまうことがあるからだ。イリノイ工科大学のジョー・マッキーウィッツが実施した調査では[47]、サンセリフ体はセリフ体よりも専門的な雰囲気があり、読みやすい、と回答した人が多かった。ミシガン大学のソン・ヒョンジンとノーバート・シュワルツによる別の調査では、読みやすいフォントと読みにくいフォントで書かれた課題を与えられた被験者は、後者の課題を難しく感じ、手をつけない傾向があることがわかった[72]。私の場合は、テキストがあまりにも長くなりそうな場合か、スライドをスクリーンに映すのではなく、文書として印刷する予定の場合くらいにしかセリフ体を使わない。

プレゼン資料で使うフォントは、プレゼンテーション全体の雰囲気を左右し、発表内容に対する聴衆の認識に影響を与える可能性もある。ある程度時間をかけて、パソコンにもともとインストール済みの標準フォントを探したり、フォント専門サイトでプレゼン向きのフォントを見つけてほしい(のちほどその方法を説明する)。本来、フォントファミリーとは、さまざまなサイズと太さ(ウェイト)のフォントからなるグループのことだ。たとえば、標準の Arial フォントファミリーには、通常の Arial フォントに加え、**Arial Bold**(Arial を太字設定したものとのちがいに注意)や Arial Narrow も含まれている。同じフォントファミリー内のさまざまなフォントを混在させれば、スライドに多様性を加えたり、スライド上のさまざまな要素間に階層構造をもたらすことができる(階層構造については第4章で詳述)。また、聴衆の注目を集めるのにも役立つ。

ひとつのプレゼン資料で、まったく異なるフォントを組み合わせてもいい(**図 3.5**)。そうすれば、スライドのさまざまな要素を区別しやすくなる。たとえば、**NEUTRA DISPLAY TITLING**(下記のフォント専門サイトから入手できるフリーフォント)のような太めの角ばったフォントは、タイトルに使用できるが、本文のテキストや図表にはあまり適していない。

複数のフォントを使うことに決めた場合は、せいぜい2～3種類のフォントにとどめ、それらを一貫して使用すること。あまりにも多くのフォントを組み合わせると、聴衆の気が散り、集中できなくなる。また、複数のフォントを組み合わせるつもりなら、ひと目で見分けられるくらいちがいが大きいものでなければならない。フォントがたがいに似すぎていると、フォントの変更が意図的であることに聴衆が気づかない可能性がある。

色と同じく、フォントも初期設定から変更すると、プレゼンが印象的なものになるだろう(**図 3.6**)。Calibri(Windows)や Cambria(Mac OS)などの標準フォントがかならずしもできの悪いフォントというわけではない。みんながそれを使っているというだけのことだ。初期設定以外のフォントを使用すると、それが標準フォントであっても、プレゼンをカスタマイズした雰囲気にすることができる。たとえば、Century Gothic、

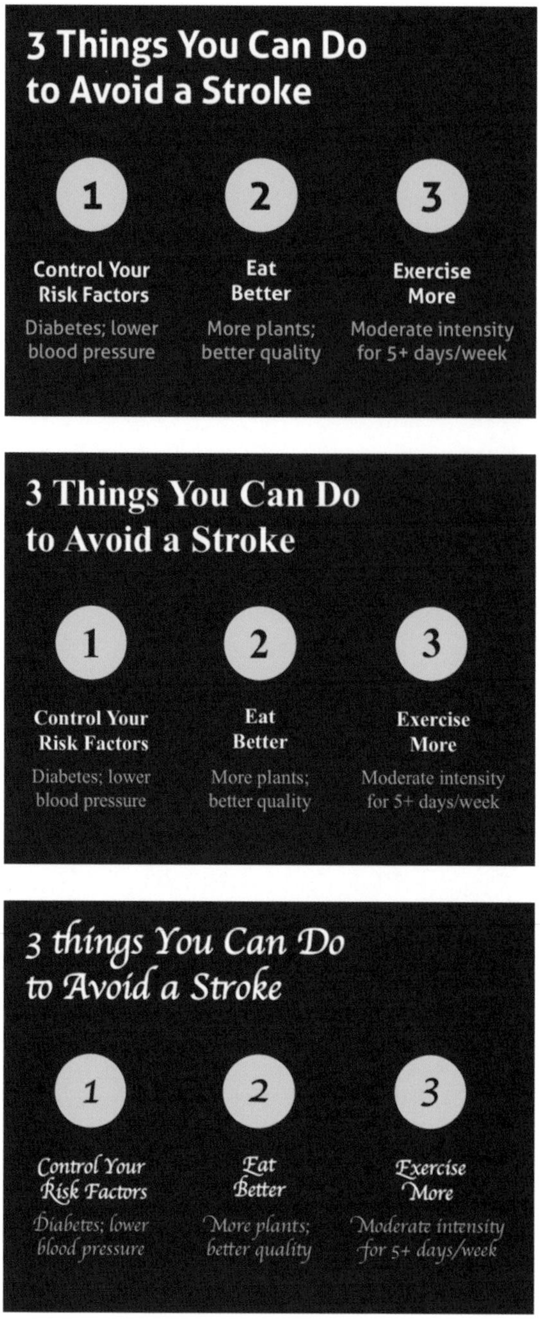

図3.4　サンセリフ体、セリフ体、スクリプト体

Tahoma、Trebuchet MS、Verdana といった標準フォントはプレゼン向きのフォントであり、各プラットフォーム間で共有できる。Mac OS では、Lucida Grande と Gill Sans MT（これらのフォントは Windows OS でも利用可能なことが多い）などは悪くない選択だ。データを表やグラフの形で提示する場合は、スライド上で数字がどのように表示されるかをかならず確認してほしい。数式に使うフォントに関しては、Microsoft Office

図3.5　フォントの組み合わせ

タイトルには大きなセリフ体フォント、
本文にはサンセリフ体フォントを使っている。

図3.6　その他の標準フォント

図3.7　無料のカスタムフォント

ではほとんど選択肢がなく、数学記号フォントはCambria Mathのほぼ一択だ。LaTeXベースのBeamerなどのプレゼンプログラムは、数式に対してかなりの柔軟性を発揮する。

よいフォントの条件とは何だろうか。私にとっては、文字と数字がはっきり表示され、フォントファミリーの種類（レギュラー、太字、細字など）のちがいが一目瞭然なフォントがよいフォントだ。パソコンにインストールされているデフォルトのフォントに飽きたらない人は、簡単にダウンロードしてインストールできるフリーフォントが数多く用意されているので、それらを試してほしい。**図3.7**のスライドは、私がプレゼンテーション向きだと感じたフリーフォントの例だ。

新しいフォントを探す

インターネット上には数多くのフォント専門サイトがあるので、うまく活用して選択肢を増やしておこう。以下にその一部を挙げておく（本書の参考サイトには、さらにくわしい情報がある）。

Google Fonts： シンプルなつくりのサイトだが、ここには何百ものフリーフォントがあり、簡単な検索やドロップダウンメニューによってさまざまなフォントを見て回れる。フリーフォントを探すなら、Google Fonts がいちばんのおすすめだ。自分でテキストを入力し、スライドでどのように表示されるかを試すこともできる。

Font Squirrel： 多彩なフォントを集めたすばらしいサイトだ。フリーのフォントもあれば、有料のフォントもある。このサイトでは、フォントファミリー内のさまざまなフォント（レギュラー、太字、細字など）がすべて表示される。ライセンスについても明確で、ファイルのダウンロード方法もわかりやすい。Google Fonts と同じく、フォントを試用できる「Test Drive〔お試し〕」機能もあるので、自分で入力したテキストが選択したフォントでどのように表示されるかを確認できる。

MyFonts： 有料のものが主体だが、このサイトにもすばらしいフォントが数多く用意されている。MyFonts には「WhatTheFont」というツールがあり、これを使えば、画像内またはウェブサイト上で使われているフォント名を調べられる。画像をアップロードし、特定の文字を識別するのに役立ついくつかの質問に回答するだけで、フォントを識別し始める。

Canva Font Combinations： ここは、複数のフォントを使いたい場合に最適なサイトだ。さまざまなフォントのなかからひとつ選択すると、そのフォントとほかのフォントの組み合わせの一例が表示される。また、そのフォントを使用しているサイトの実例を見ることもできる。

非標準のフォントをスライドに使用するかどうかを検討している人にあらかじめ注意を促しておくと、非標準フォントをスライドに使用しても、他人のパソコンでは意図したとおりに表示されない可能性がある。Times New Roman フォントを使った文書ファイルを同僚のパソコンで共有・編集できるのは、そのフォントが両方のパソコンにインストールされているからだ。フォントの互換性問題は、オペレーティングシステムがちがったり（Windows と Mac OS）、ソフトウェアのバージョンがちがったりすると、さらに面倒になる。

他人のパソコンを使ってプレゼンを実施する場合や、プレゼン資料を共有するつもりの場合は、フォントの互換性問題に対処する方法がいくつかあるので、以下を参考にしてほしい。

1. もっとも簡単な方法は、プレゼン資料を PDF ファイルとして保存することだ。一般に PDF ファイルでは、パソコンやオペレーティングシステムが変わっても、フォントの見た目は変わらない。PowerPoint ファイルを PDF として保存するには、［ファイル］メニューから［名前を付けて保存］オプションを選択し、ファイルの種類を PDF に変更する。
2. もうひとつの方法は、プレゼンで使う予定のパソコンの所有者に、プレゼン資料といっしょにフォントそのものを渡してしまうことだ。所有者にそのフォントをインストールしてもらえれば、あとはスムーズに運ぶだろう。
3. 最後に、プレゼン資料にフォントを埋め込むという方法もある。すべてのプレゼンソフトに備わっている機能ではないが、この機能を使えば、スライド作成時のフォントがそのままの形で別のパソコンに表示される。ただし、そのパソコンに埋め込んだフォントがインストールされていなければ、スライドの編集はできない。Windows 版 PowerPoint の最近のバージョンでは、［ファイル］タブから［オプション］メニューを開き、［保存］オプションの［ファイルにフォントを埋め込む］にチェックを入れれば、フォントを埋め込める。（Mac 版の PowerPoint 2011 には、ファイルにフォントを埋め込む機能はない）。

色と同じく、フォントも選択次第で、聴衆のプレゼンテーションに対する見方や反応の仕方、またスライド上の特定の要素に聴衆の注意を向ける方法に影響をおよぼす。非標準のフォントを選ぶのは難しくない。パソコンにはデフォルトで多種多様なフォントがインストールされていることが多く、効果的に使えば、それだけでもスライドに新鮮な外観を与えられる。インターネットを活用すれば、さらに多くのフォントが手に入る。

▼▼▼▼▼

これで色とフォントを選択し終わった。今度は、スライドに配置する要素（テキスト、グラフ、表、画像）を決めることにしよう。次の数章では、さまざまなスライド要素について検討し、もっとも効果的にコンテンツを伝達する方法を、実例をまじえながら説明する。

「文字」について覚えておくべき3つのこと

1. 可視化：スライド上の文字は聴衆に大きな影響を与えるので、じっくり検討してからフォントを選択すること。

2. 統一：文字の使い方に一貫性をもたせること。プレゼン資料を通して使用するフォントは、1～2種類にとどめること。

3. 集中：大きな文字を使うこと。そうすれば、聴衆はその項目をさっと読み終え、すぐに発表者に注意を戻せる。28ポイントを最小フォントサイズにするというのは、ぜひとも守るべきルールだ。ただし、使用するフォントによっては、最小フォントサイズが変わるかもしれない。

日本語プレゼン資料における文字

日本語での資料作成が、英語やフランス語、ドイツ語などのアルファベットを用いた言語による資料作成と異なる点は大きく2つある。1つ目は、当然だが日本語の文字「ひらがなやカタカナ、漢字」を使うことである。2つ目は、「複数の言語の文字を併用しなければならないこと」、すなわち、日本語のプレゼン資料には、日本語の文字だけでは表現できない要素があり、アルファベットや数字が文中に混ざってくることがある。このような違いのために、書体やフォントの選び方、さらには文章のつくり方において、日本語の資料には特有の指針や配慮が必要になる。

ここでは、日本語で資料をつくることが多いであろう読者のために、プレゼン資料に適した日本語フォントを紹介するとともに、日本語と英数字を組み合わせる際のフォント選びの指針を示す。また、アルファベットでの資料作成を前提としている PowerPoint で、日本語フォントを使用して資料をつくる際に注意すべき行間の問題についても触れる✐。

✐65～72ページの内容は日本語版オリジナルである。監訳者が執筆した。

プレゼン資料に適した日本語書体

前提として、パソコン上で日本語を表示するには、日本語の書体・フォントを使用しなければならない。つまり、日本語でプレゼン資料をつくるのであれば、まず、日本語の書体やフォントを選ぶための知識が必要となるのだ。本書では欧文の書体やフォントの基本知識や選び方に関する解説はあったが、それだけでは、日本語の書体やフォントを的確に選ぶことは難しい。

さっそく、日本語の書体に関する基本知識の紹介から始めよう。欧文書体がサンセリフ体とセリフ体、スクリプト体に分類できたのと同様に、日本語の書体は、ゴシック体と明朝体、筆書体（行書体）などに分けられる。ゴシック体は、横線と縦線の太さがほとんど同じで、基本的にシンプルな線だけで構成されたモダンな書体である。一方、明朝体は、横線が縦線に対して細くつくられている比較的クラシックな書体である。筆書体は、筆で書いたような書体であり、和風で古風な印象を与える。

一般に、筆書体は個々の文字がやや読みづらく、また、古風なイメー

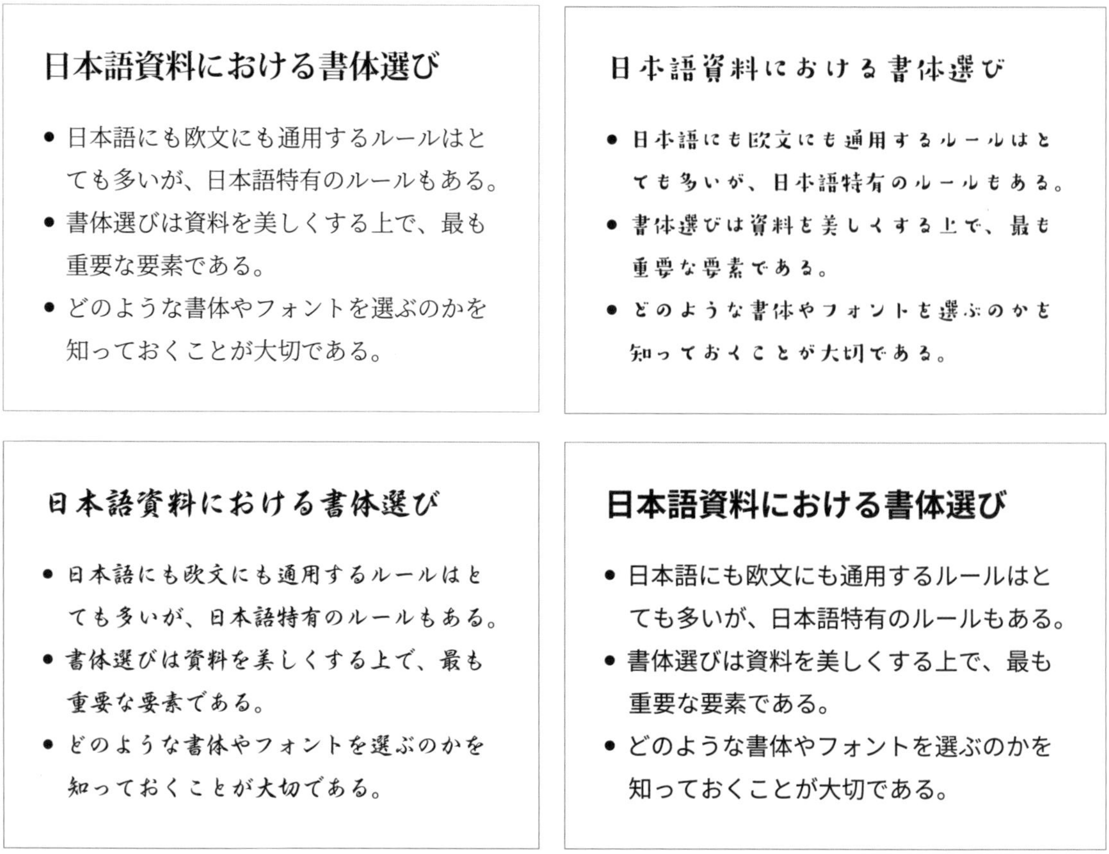

図3.8　プレゼン資料では、明朝体（左上）や筆書体（左下）やデザイン書体（右上）に比べて、ゴシック体のほうが読みやすい。

ジがあるため、研究成果の報告を目的とするようなプレゼンには不向きである。また、明朝体は、セリフ体と同様、プロジェクターで投影したときに読みづらくなることが多い。解像度が低いときや、少し離れた位置から見たときに線（とくに横線）がかすれてしまうためだ。一方、ゴシック体は、文字を構成する線がそれぞれはっきりしている点でプレゼンに適しているし、書体のもつモダンな印象も研究発表と相性がよい。研究発表のプレゼン資料をつくる際におすすめの日本語書体は、ゴシック体の一択である。次の図を見比べれば、ゴシック体がプレゼンにおいてもっとも読みやすいことは一目瞭然ではないだろうか（**図3.8**）。

プレゼン資料に適した日本語フォント

ゴシック体の中には、数え切れないほどの種類のフォントがある。Windows と Mac では、プレインストールされているフォントは異なるが、いずれも多数のゴシック体が搭載されている。Office ソフトをインストールしたときに同時にインストールされるゴシック体もある。

しかし、どのゴシック体フォントもおすすめできるわけではないことには注意されたい。フォントによっては、字形自体が美しくなかったり、太さにバリエーションがなく使いづらかったり、誤読を招きやすかったりするからである。その代表は、**MS ゴシック**や **HG ゴシック**などの比較的古くから使われてきた日本語フォントである。一方、最近使われるようになった日本語フォントには、これらの問題を克服したものが多い。

研究発表のプレゼン資料に向いているフォントの定番は**メイリオ**だ（**図 3.9**）。このフォントは文字が大きめにデザインされていて、読みやすく、誤読も少ない。太さにも 2 種類のバリエーションがある。字形もモダンで未来的な印象だ。PowerPoint がインストールされている PC ならば、Windows でも Mac でも問題なく表示できる点でも優位性が高い。同様の理由で、**游ゴシック**もオススメのフォントである。**メイリオ**に比べてややクラシックで大人っぽい印象のあるフォントだが、読みやすさや互換性の点では非常に評価が高い。Windows ならユニバーサルデザインフォントである Biz UD ゴシックもおすすめである。Mac なら**ヒラギノ角ゴシック**がオススメだ。また、OS に関係なく利用できるフリーフォントとして、**Noto Sans CJK JP**（あるいは、**源ノ角ゴシック**）という Google と Adobe が共同開発したフォントがある。このフォントは、プレゼン資料をつくる上ではほとんど欠点がない。なお、**游ゴシック**や**ヒラギノ角ゴシック**、**Noto Sans CJK JP** は太さ（ウェイト）のバリエーションが豊富なので、プロジェクターで投影したときに読みづらくなるような「細すぎるウェイト」を使わないように注意が必要である。たとえば**游ゴシック**ならば、Regular という太さは、プロジェクターで表示するには細すぎるように感じられる。

太さにバリエーションのあるフォントをオススメするのには理由があ

図 3.9　プレゼン資料におすすめのゴシック体

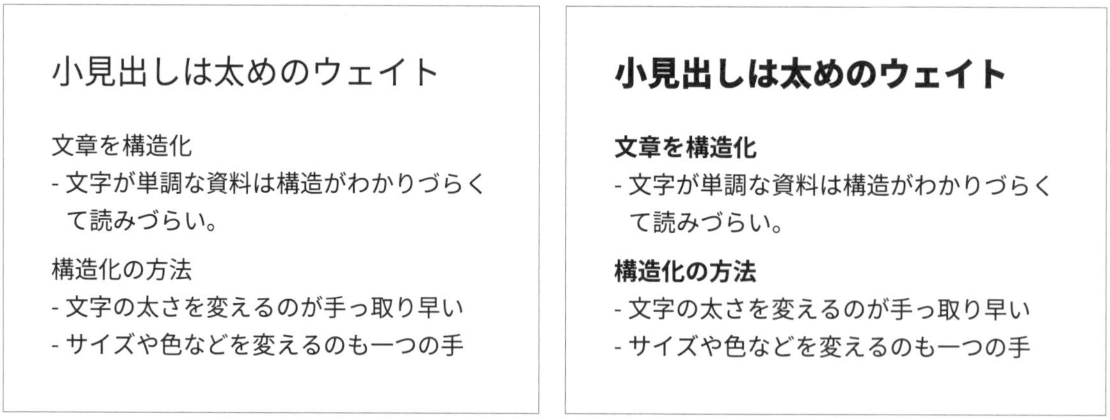

図3.10　文字の太さのバリエーションによるプレゼン資料の構造化

る。スライドの中でいくつかの太さを使い分けると、プレゼン資料は見やすくなるためだ。**MSゴシック**やHGゴシックのように一つのウェイトしか搭載されていないフォントを選んでしまうと、太字にしたときに文字が潰れて読みづらくなったり（擬似ボールド）、あまり効果を得られなかったりする。しかし、**メイリオ**ならば明らかに太い文字が表示される。そのようなフォントを使えば、スライドのタイトルや小見出しを太字にすることで、文章を構造化しやすくなる（**図3.10**）。

COLUMN 7　PowerPointの太字機能にご用心

PowerPoint上でB（ボールド）ボタンを押すことには、注意が必要である。なぜなら、多くの日本語フォントは太字に対応しておらず、太字を指定すると擬似ボールドになり、文字が潰れて読みづらくなってしまうからである。また、たとえ複数のウェイトが搭

図3.11　擬似ボールド（左）と正しいボールド（右）。
いずれも1行目が普通の太さで、2行目がそれぞれの太字。

載されているように見えるフォントであっても、日本語のフォントでは、擬似ボールドになってしまう場合がある（ヒラギノ角ゴシックや游ゴシックの Medium など、多数が当てはまる。**図 3.11** 左）。これは、PowerPoint とフォントの互換性の問題であるが、だからといって可読性を犠牲にするわけにはいかない。B ボタンを押しただけで十分な太字にならないときには、フォントリストから異なるウェイトを選択し、正しいボールドを使うように心がけることが大切である（図 3.11 右、**図 3.12**）。なお、メイリオや游ゴシック（Regular）は B ボタンで太字にすることができる。

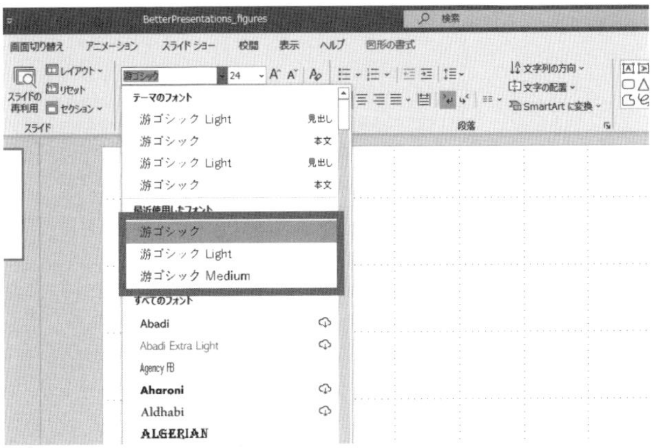

図3.12　太字を利用する場合は、フォント一覧から太字（Boldなど）を選択する。

欧和混植

日本語のプレゼン資料には、必ずと言っていいほど英数字が含まれる。これらの英数字は、もちろん、日本語フォントを使って表現することが可能である（日本語フォントに付属する半角の英数字は「従属欧文」と呼ばれる）。しかしながら、従属欧文はしばしば美しくなかったり、読みやくなかったりするという点に注意が必要である。また、従属欧文は、日本語フォントと同様、イタリック体（斜体）に対応しておらず、PowerPoint 上でイタリック体の設定にしても、美しいイタリック体は表示されない（擬似イタリック体）。そのため、基本的には、たとえ日本語中であっても、英数字に対しては欧文フォントを使用するのが望ましい。すなわち、漢字やひらがな、カタカナに対して日本語フォントを使用し、英数字だけは欧文のフォントを設定することになる。

PowerPoint では、手間ひまかけて単語ごとにフォントを変える必要はない。文中の英数字のみのフォントを一括して変更することできる。

テキストボックスを選択した状態で、［フォント］の設定に進み、［英数字用のフォント］と［日本語用のフォント］をそれぞれリストの中から選択するだけである。こうすれば、テキストボックス内のすべての英数

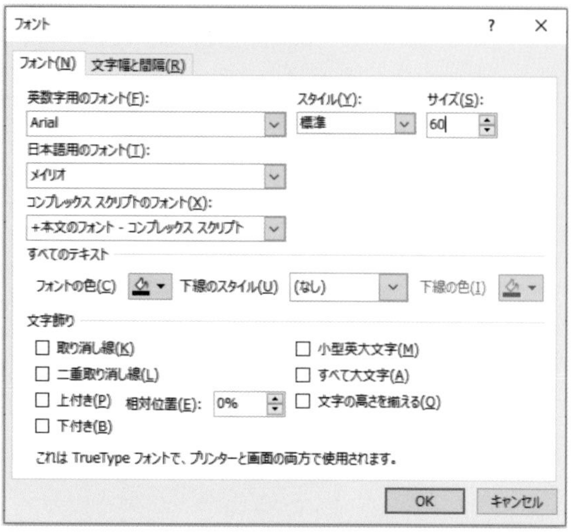

図3.13　フォントの設定は一括しておこなう

図3.14　日本語と英数字が混ざる資料では、すべてを日本語フォントで組み合わせたり（左上）、印象の異なるフォントを組み合わせたり（右上）、サイズの異なるフォントを組み合わせたりしないようにする。日本語と英数字がよくなじむ組み合わせがよい（右下）。

字部分だけに指定した欧文フォントが適用される（**図3.13**）。スライド全体でフォントの設定を統一したければ、スライドマスターにおいて英数字用のフォントと日本語用のフォントを設定しておくのが賢い方法である。

日本語フォントと欧文フォントの相性にも注意が必要である。異なったフォントを組み合わせるので、日本語部分と英数字部分がなじんでいることが大切だ。まず、日本語がゴシック体の場合は、欧文はサンセリフ体にしなければならない（日本語が明朝体の場合には、欧文はセリフ体となる）。さらに日本語フォントとの相性を良くするためには、日本語と同じようなサイズ、同じような太さに見えるフォントを選ぶことが大切である。日本語がメイリオや游ゴシックの場合は、Windows なら Segoe UI、Mac なら Helvetica Neue などがおすすめだ。Calibri は欧文フォントとして使う分には問題はないが、見た目のサイズ（字面）が小さく、日本語フォントとの相性はよくない。（**図3.14**）

PowerPointにおける見かけ上の行間

PowerPoint で日本語のフォントを使用した際に生じる弊害がひとつだけある。それは行間の問題だ。行間は、文章の読みやすさを決定づける非常に重要な要素である。したがって、日本語フォントの使用と行間の設定はつねにセットで考えねばならない。フォント自体の話ではないが、最後にこの行間設定について触れておく。

英語の文章では、文字の要素の多くは小文字の e や m, x の高さのなかに収まる。そのため、行内の上側 1/4 と下側 1/4 程度には「見かけ上の余白」が生じる（**図3.15**）。PowerPoint はこのような余白を前提とし

図3.15　日本語と英語における見かけ上の行間の違い

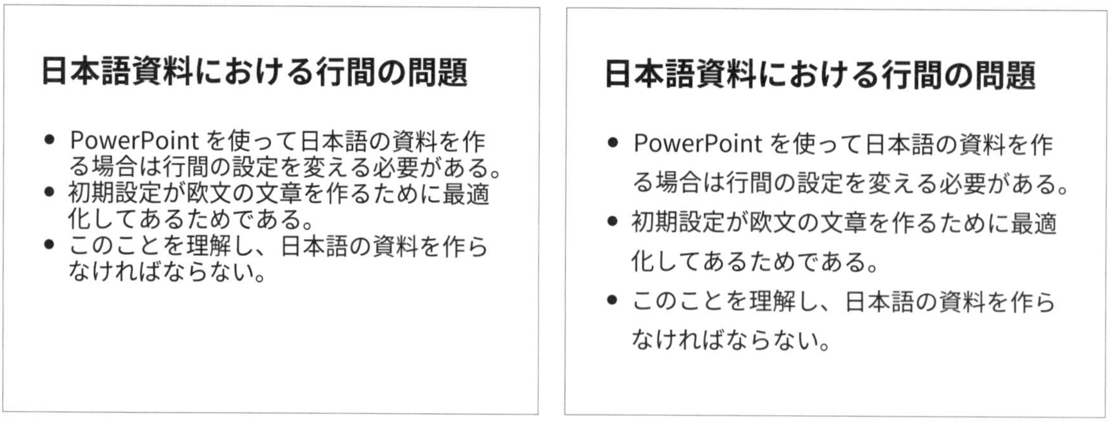

図3.16　行間を広げると読みやすくなる

て行間の初期設定が決められている。必然的に、初期設定のまま欧文の文章を書いたときには、行と行の間に適度な余白が生じるので、高い可読性が実現できる。

一方、日本語はどうだろうか。日本語には、小文字という概念はないので、基本的には、行の上から下までをぎっしりと文字の要素が埋め尽くす（図3.15）。すなわち、行内に「見かけ上の余白」はほとんど生じない。そのため、PowerPoint の初期設定のままの行間で日本語の文章を書くと、非常に窮屈に見え、これが読みづらさを生み出してしまう。PowerPoint で日本語の資料をつくる際は、初期設定のままにせず、行間を広げるのが鉄則である。具体的には、［段落］の設定で、［行間］を［倍数］にし、その値を 1.1~1.3 にすると良い。適切な値は行の長さやフォントの種類によっても異なるが、読みやすさのためには、行間を広げる作業は必須である（**図 3.16**）。

第Ⅱ部

プレゼンテーションの制作

第4章 テキストスライド

色と文字の手はずが整ったので、今度は、ワークシートやインデックスカード、付箋に書き込んだ内容を、効果的で魅力的なプレゼン資料に変換する作業をおこなうことにしよう。その際、注意すべきは、スライド上に置かれた要素は、それが何であれ、聴衆がその内容を解読し理解しようとして、発表者の話から注意をそらしてしまう要因にもなりうるということだ。これはとくにテキストに当てはまる。聴衆はスライドに配置されたテキストをすべて読もうとする傾向がある。テキストは要点を示したり議論を支えたりするのに役立つが、だからといって、話す内容のすべてをスクリーンに表示する必要はない。何をいつ見せるかについての判断力が高まれば、発表者があれこれ話しているうちに聴衆が先回りして退屈しているなんてことはなくなり、聴衆は発表者のペースにしたがうようになる。この章では、プレゼン資料でテキストを入念かつ戦略的に使用することによって、聴衆の注意を必要な場所に集中させ、発言内容と表示内容を統合する方法を説明する。

不用なものをなくし、テキストを減らす

多くの発表者が、プレゼンソフトによって悪習を身につけるよう仕向けられてきた。たとえば、PowerPointのデフォルトテンプレートをそのまま使うと、箇条書きだらけのスライドを作成し、できるだけ多くのコンテンツをスライドに追加するように促される（**図4.1**）。これは結局、聴衆に害をおよぼす。スライドのレイアウトをソフトウェアのデフォルト設定に任せてしまうのではなく、つねに白紙のスライドから始めることをおすすめする。そうすれば、自分でスライド要素をひとつひとつ吟味し、何を加えるべきかを厳密に検討せざるをえなくなる。

もちろん、PowerPointには非難すべき欠点ばかりでなく、役に立つ機能も備わっている。発表者は、これから論じる数々の項目を確認するために、スライドにテキストや箇条書きを書き入れておくことがある。テキストスライドを、何かを忘れないようにするためのリマインダー（心覚え）として、つまり一種の手引きとして使用するわけだ。発表者がス

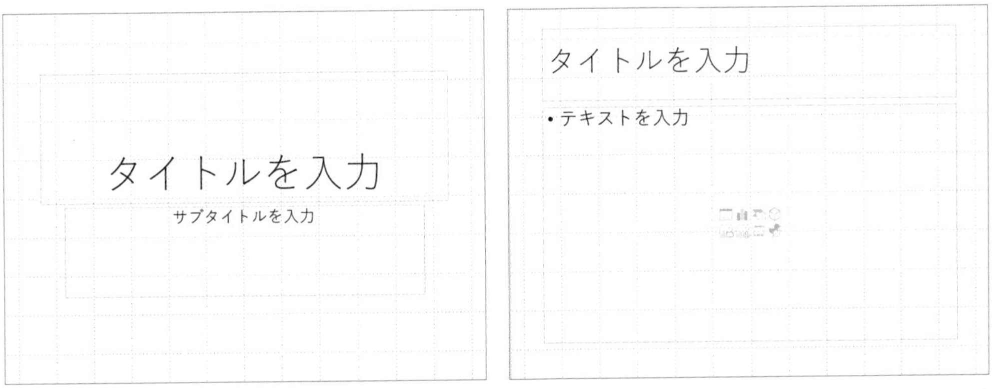

図4.1　PowerPointのデフォルトスライド

ライドを見上げ、列挙された箇条書きをすべて説明したかどうかチェックする姿を何度も見たことがあるのではないだろうか。

多くの場合、この方法を使うのは、それが論文をスライドに変換するいちばん手っ取り早い方法だからだ。論文の各章の要旨説明文を箇条書きに変換すれば、一丁上がり。それで完成だ。とはいえ、スライドにあまりに多くのテキストを書き込むと、スライドを使う際の基本的原則「スライドは発表者のためではなく、聴衆のためにある」をないがしろにしてしまうことになる。

各スライドの目的は、ひとつにしぼるべきだ。そうすれば、おのずと聴衆はもっとも重要なポイントに集中するようになり、それ以外の数字やトピック、テキストに気をとられることもなくなるだろう。たとえば、**図4.2**の架空の機関「連邦健康統計委員会〔Committee on Federal Health Statistics〕」のスライド（それほど架空というわけでもない連邦機関の実際のスライドにもとづいているが）は、数多くのプレゼンを見てきた人な

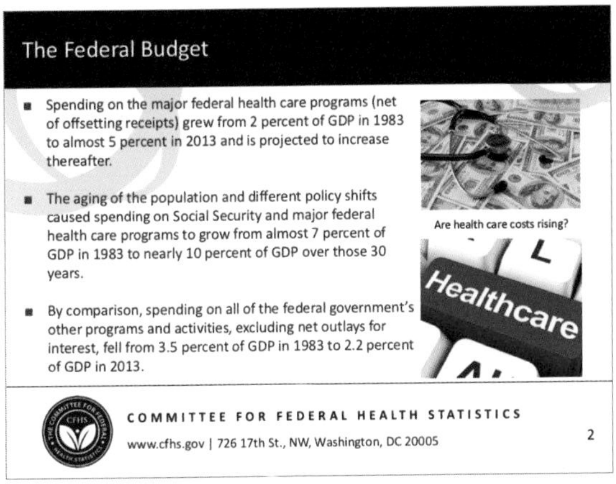

図4.2　大量のテキスト、いい加減に選ばれた画像、キャプションが配置された、ありがちなスライド

（Congressional Budget Office〔議会予算局〕, 2014[16] のデータにもとづく）

ら、間違いなくそれとわかる外観とレイアウトをしている。小さなタイトル、大量のテキスト、いい加減に選ばれた画像というのがその特徴だ（一部のキャプションもそうかもしれない）。

このような箇条書きのテキストでいっぱいのスライドを提示すると、2つの事態が生じる。

1. **聴衆は聞くことよりも読むことを優先する。**テキストだらけのスライドを提示されると、聴衆は多くの場合、本能的にそれらを全部読もうとしてしまう。スライドを読んでいるときは、発表者の話が耳に入りにくくなる。意外に思われるかもしれないが、人間はそれほどマルチタスクが得意ではないのだ。実際、スタニスラス・ドゥアンヌの『Reading in the Brain〔読むことと脳〕』(2009) [19] をはじめとする多くの先行研究によれば、言語情報の処理に関して、話し言葉を処理する作業と書き言葉を処理する作業は、その多くが同じ脳内ネットワークに依存している。したがって、両方の作業を同時におこなおうとすると、脳の処理能力が追いつかず、どちらの情報も流れが悪くなる。聴衆は同時にスライドの文字を読み、発表者の話に耳を傾け、メモを取り、プレゼンテーションの内容を吟味したりはできないのだ。
2. **聴衆は発表者の話を聞く前に、その部分を読んでしまっている。**聴衆はたいてい、発表者が話すよりも速くスライドのテキストを読むことができる。また、発表者はいくつかのポイントについてはくわしく説明することになるだろうから、ほぼ間違いなく、発表者がその情報を話し終える前に、聴衆はスライドを全部読んでしまっているだろう。発表者の話す内容がスクリーン上の内容とほぼ同じものだということがわかれば、聴衆はさっさとスライドのテキストを読んでしまい、次のスライドに移るまでは発表者に注意を向けるのをやめてしまうだろう。聴衆はメールをチェックしたり、プレゼンのあとにしなければならないことについて考えたり、夕食はどうするかを検討したりする時間を確保できたことになる。こうしたことはどれもが注意散漫の原因となり、聴衆の注意を発表者とその発言内容からそらしてしまう。また、スライドにあまりに多くの情報が詰め込まれていると、聴衆は興味を示さなくなる。私がおすすめするプレゼン構造は、冒頭で結論の「予告編」を提示するというものだが、研究内容の詳細を論じるセクションでは、予想外の統計値や直感に反する調査結果などが、聴衆を引きつけるすばらしい素材だ。スライドにすべての内容を書き込んでしまうと、せっかくの「サプライズファクター」（聴衆を驚かせる要因）が埋もれてしまう。

この節では、あらゆるスライドに少しでも多くのテキストを書き入れようとする根強い習慣を変えることを促したい。その代わりに、先に概説した指針にしたがうことを提案する。つまり、聴衆の注意を重要ポイントに**集中**させること、そして発言内容とスライドの表示内容をプレゼン全体を通して首尾一貫した方法で**統一**することだ。

より効果的なテキストスライドを作成するための最初のステップは、不必要なビジュアル要素（画像など）をできるだけ取り除き、聴衆の注意をテキスト自体に集中させることだ。もちろん、画像には画像独自の重要な役割がある。情報を伝えることもできれば、特定の雰囲気をかもし出すこともできる。また、聴衆の注意を、スライドから発表者とその発言内容へとそれとなく導くこともできる（次章でくわしく論じる）。しかし、たいした目的もなしに画像を追加してしまうと、不用品を増やすことにしかならないだろう。不要なテキストについても同様だ。忘れないでほしいが、発言内容のすべてをスライドに記載する必要はない。ポイントが短く単純な場合は、口頭で話すだけにしておけば、スライドには何も書かなくてもすむだろう。

箇条書きの行頭記号もたいていは削除できる。行頭記号はテキストを区切り、階層構造を生み出すために使われる。図 4.2 の例では、箇条書きと箇条書きの間隔が十分に空いており、その余白がテキストを分離する機能を果たすので、行頭記号を削除しても差し支えない。こういった不用品を削除すれば、残りのテキストの文字サイズをすぐさま大きくできるので、会場のうしろの列にいる聴衆に配慮したスライド作成にも役立つ（**図 4.3**）。

一般的な慣例にしたがった図 4.2 のスライドには、所属先のロゴと名称、ウェブサイトの URL、住所がフッターに含まれている（つまり、プレゼン資料のすべてのスライドにあるということ）。このロゴや名称は、スライドの下部全体にわたってかなりのスペースを占めているが、4 枚目のスライドまで来て、聴衆が発表者の所属先がどこかを思い出す必要があるだろうか。すべてのスライドにロゴ（や免責事項）を入れることを所属先に求められている場合は、小さく、目立たない方法でそうすること。たとえば、ロゴと所属先の正式名称の両方を入れるのではなく、ロゴだけにしてみるのもいい（**図 4.4**）。色をグレーの濃淡にしたり、透明度を上げたりして、ロゴの存在を目立たなくする手もある。スライドにロゴを入れることを要求されていない場合は、プレゼン資料の最初と最後のスライドにのみロゴを入れることをおすすめする。また URL も、タイトルスライド以外は省略しても差し支えないだろう。45 枚のスライドすべてにいちいちウェブサイトの URL を記載しなくても、ウェブ検索でそのサイトを見つけられるはずだ。

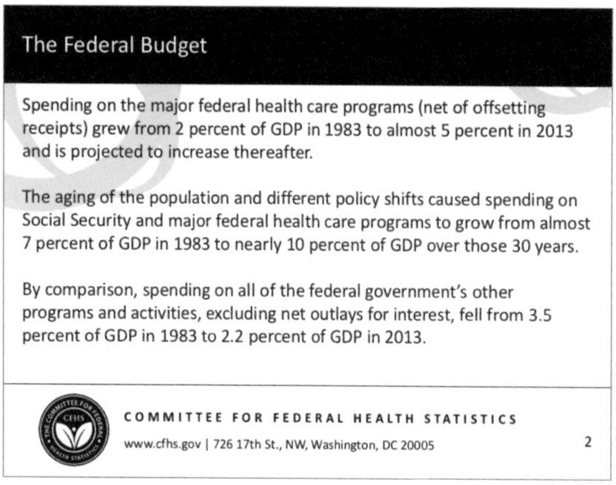

図4.3　箇条書きの行頭記号を削除する

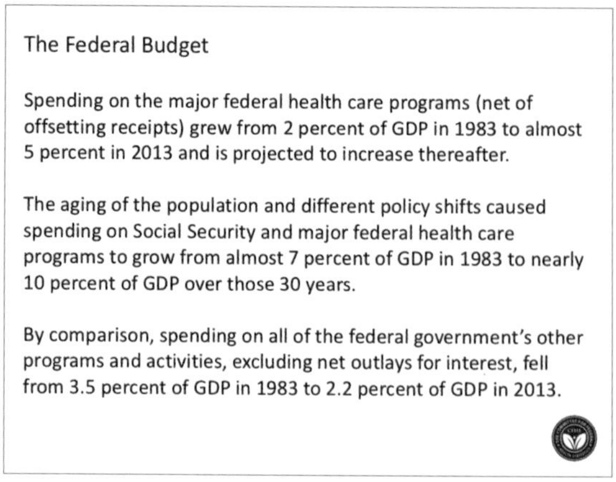

図4.4　不要なフッター要素を削除する

多くの発表者は、スライドごとにロゴを入れるのは、所属先がそれを望んでいるからだ、と主張する。スライドが印刷またはコピーされた場合や、誰かがネット上にアップロードした際に、ロゴがあれば識別できるから、というのがその理由のようだ。しかし、この方法では、プレゼンテーションのためのスライドと読むためのスライドの区別がつかなくなる。プレゼン用スライドは、プレゼンテーションのためだけに制作すべきなのだ。ロゴを削除するか、目立たなくすれば、聴衆の注意をプレゼン内容に集中させ、スライドのスペースをメッセージのために最大限に活用できる。さらに、スライドをネットに上げる人は、識別用のブランド設定を削除して、必要な画像などのプレゼン内容のみをアップロードする可能性が高いため、とにかく、スライドのスペース全体を聴衆のために使ったほうがいいだろう。

最後に、スライドのページ番号は、口頭でのプレゼンテーションにおいては何の役にも立たない。せいぜい、配布資料を手にした聴衆がスライドの総数を推測する手がかりになるくらいだ。実際、ページ番号が必要なのは配布資料のほうだけで、スライドには記載する必要がない。現在のスライドが17枚目だということがわかったとして、それが聴衆の役に立つだろうか。ロゴやページ番号といった不必要な要素が、本来なら画像やグラフやテキストに使える貴重なスペースを奪っているのだ。

スライドの見出し

さて、不用品は取り除いた。次は、テキストそのものに注意を向けることにしよう。まずはいちばん上の見出し（ヘッドライン）から検討していこう。第1章で述べたように、カーマイン・ガロはプレゼンテーショ

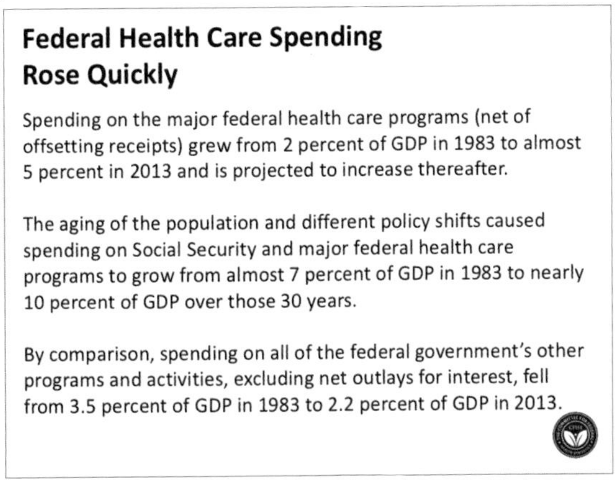

図4.5　生き生きした、Twitterのような見出しを作成する

見出しを「The Federal Budget〔連邦政府予算〕」から
「Federal Health Care Spending Rose Quickly〔連邦政府の医療支出が急増〕」に変更した。
これにより議論のポイントを伝えやすくなった。

ンについての著作[28]で、「Twitterのような」見出しを使うことをすすめている。これは、具体的で、印象的で、簡潔な見出しという意味だ。見出しは重要である、とガロは言う。なぜなら、「新聞や雑誌、ブログの記事が読まれるかどうかをわけるのはヘッドラインだからだ」✐。目的は、プレゼン内容を「やさしく噛み砕く」ことではなく、聴衆に考えてほしい最重要ポイントを強調することだ。たとえば、スライドに「連邦政府予算の展望」といった地味なタイトルをつけるのではなく、「連邦政府の医療支出が急増」のように、スライドの内容を要約した、生き生きしたタイトルをつけるべきだ（**図4.5**）。そうすれば、これから論じるポイントの文脈が聴衆に伝わるだろう。

✐邦訳98ページ

フォントの使い分けは、スライド資料を通して、聴衆を見出しから各論点に導く助けになるはずだ。階層構造を効果的に使えば、スライドに

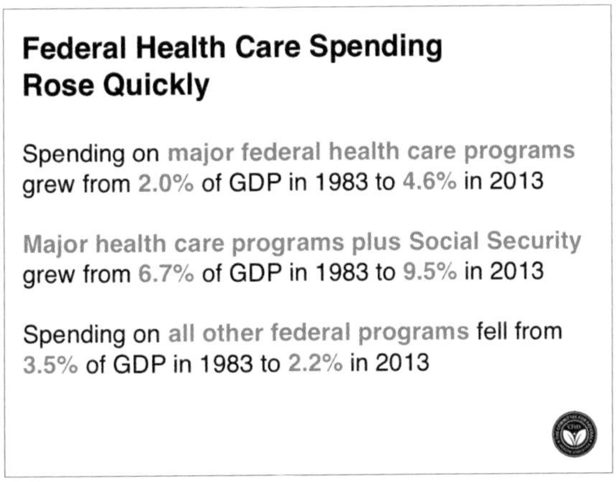

図4.6　テキストを適切に階層化する

優先順位が生まれ、聴衆は間違いなく最重要項目を最初に見るようになる（**図 4.6**）。文字サイズや強調のレベルが異なるテキストをスライド上にでたらめに配置すると、混乱を招くことになる。多くのプレゼンソフトには、テキストにさまざまな効果（影、光彩、反射、3D など）を追加する機能が備わっているが、これは使わないことを強くおすすめする。とくに学術的なプレゼンテーションでは、そのような効果は稚拙に見えがちで、安っぽいデザインや低画質の画像が使用されていた時代を思い起こさせてしまうからだ。聴衆は、スライドのなかで何が重要なのかを解明することに時間を費やし、発表者の話を聞くどころではなくなってしまうだろう。スライドに効果的な階層構造をつくるには、最重要ポイントを決めて、その文字をできるだけ大きく、またできるだけ太くする。論文からそのまま抜き出したような文章から、聴衆が話についていくために本当に必要な語句以外は削除してしまおう。そうすれば、各スライドのテキスト量をもっと減らせるのがわかるだろう。

聴衆の注意をテキストの特定箇所に向けさせたい場合もあるかもしれない。これは、できれば避けたいが、かなりの量のテキスト（長めの引用や調査の質問項目など）を提示する必要がある場合には役に立つ（**図 4.7**）。この場合は発表の進め方に注意を要する。誰かに読み上げてもらうのは面倒かもしれないので、発表者はしばらく黙って、聴衆にスライドを読んでもらうのがいいだろう。また、部屋のうしろにいる聴衆に配慮したデザインにすべきであることも忘れないでほしい。そのため、聴衆がその文章を読めるように、文字を十分大きくすること。テキストの一部を強調するには、文字サイズを変更する（図 4.7 右上）、色を追加する（図 4.7 左下）、ハイライトを追加する（図 4.7 右下。この例では、テキストの背後に黄色いボックスを追加した）などの方法がある。また、矢印などの図形を使って、論点にもっとも関連のある特定のポイントや文章に目を向けさせることで、聴衆の注意を正しい場所に導くこともできる。

COLUMN 8 孤立行などのミスを避ける

連邦健康統計委員会のオリジナルスライド（図 4.2）を見ると、2 番目の箇条書きの文末は、「years」が「30」から切り離されて、孤立してしまっている。段落の終わりにこのように単独でぶら下がっている語は「孤立行」と呼ばれる。とくに（この場合のように）区切りが数字と単位の間に来たときは、孤立した最終行が読み手の気を散らすかもしれない。孤立行は、文字サイズかテキストボックスのサイズを変更すれば、簡単に回避できる。そうすれば、文章の流れ

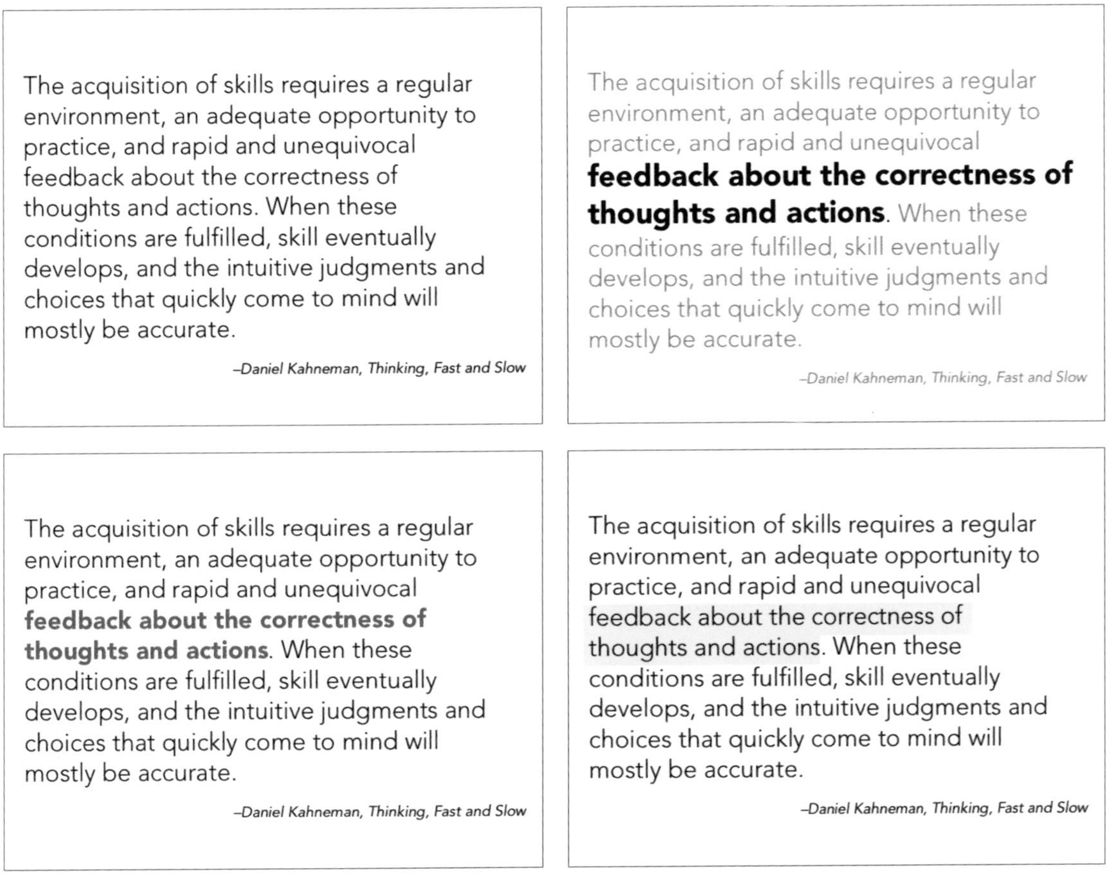

図4.7　テキストの一部に注目させる

（Daniel Kahneman, *Thinking, Fast and Slow*, 2013[43] より引用）

もとぎれず、読み手の注意が邪魔されることもない。

また、スライドに誤字脱字がないかをかならずチェックし、句読点の使い方に一貫性をもたせること（ピリオドを打つなら、すべてに打つ）。スペルチェック（文章校正）も忘れずにしておこう。それから、テキストをすべて大文字にしないこと。読みにくく、聴衆には大声で怒鳴っているように感じられるからだ。

COLUMN 9　文字サイズの制御

PowerPoint では、入力した文字がデフォルトのテキストボックスからはみ出しそうになると、文字サイズが自動的に変更されてしまうことがある。この自動調整機能をオフにするには、[PowerPoint のオプション] ダイアログボックス（[ファイル] タブから [オプション] を選択）の [文章校正] タブを開き、[オートコレクトのオプション] 内の不必要なオプションのチェックを外す。スライド制作をツールや初期設定に任せてしまうのではなく、ソフトウェアをみずから制御して、自分で設定やデザインを決めるべきだ（**図 4.8**）。

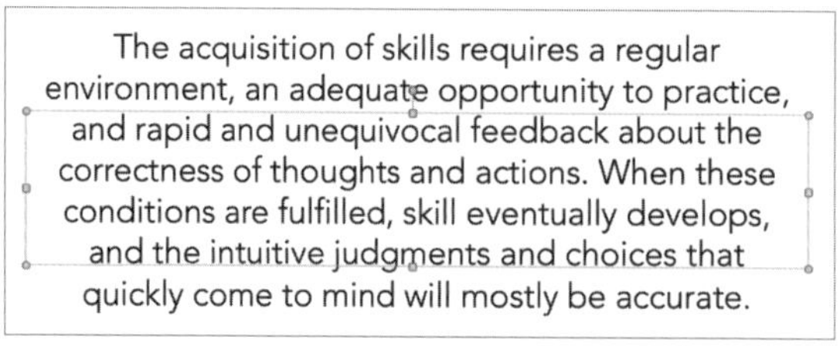

図4.8　文字サイズの自動調整機能はオフにしよう

レイヤー化アプローチ

スライド上にはテキストがある。大きな文字や太字の文字、色、ハイライト、さらには異なるフォントを使って、簡潔でTwitterのような見出しに聴衆の注意を集中させようとしているところだ。これまでに、さまざまな種類の画像やキャプション、箇条書きの行頭記号を削除してきたので、スライド上の不用品はずいぶん減ったが、それでもまだ大量のテキストが（論文から抜き出したような文章のままで）残っている。それが原因となって、聴衆は気をそらし、発表者（の話す内容）に神経を集中できなくなるかもしれない。

テキストの削減をさらに推し進めよう。**図 4.9** のように1枚のスライド上に大量の情報を配置するのではなく、3枚のスライドに分割してみるのだ（**図 4.10**）。スライドの枚数が増えてもほとんど費用はかからないので（ハードディスクなどの記憶装置の空き容量が減るだけ）、気にすることはない。これに関して、プレゼンテーションについての助言として、い

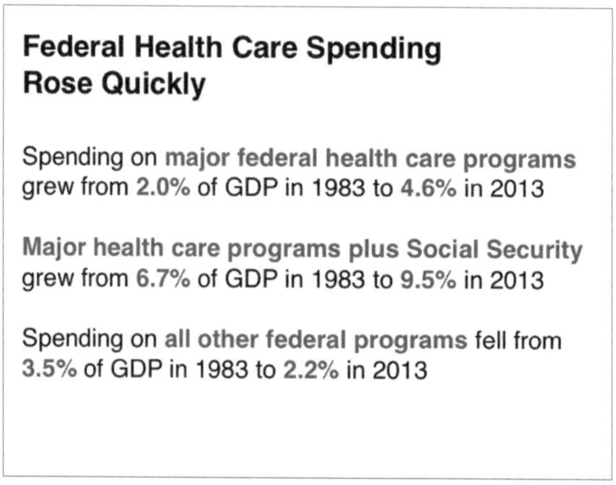

図4.9　このテキストスライドをレイヤー化してみよう

図4.6の再掲

まだに流布している役立たずのルールがある。それは、プレゼンにかける分《ふん》数以上の枚数のスライドがあってはならない、というものだ✎。私はまったく同意できない。入念に準備し、練習を重ね、適切に時間の配分をしておけば（これらの戦略の詳細については後述）、何の問題も生じない。プレゼンの長さと使用するスライドの枚数のあいだには、いかなる相関関係もないのだ。

✎たとえば、「発表時間が15分ならば、スライドは15枚より少なくする」というようなルール。

複雑なスライドを分割して、シンプルですっきりしたスライドにつくり変えることは、焦点を絞り、発表者が話している内容と聴衆が見ている内容を統合する、きわめて強力な方法だ。私はこの方法を**レイヤー化**アプローチと呼んでいる。大まかにいうと、スライドごとにそれぞれのポイントや目的を提示し、それから、それらのスライドをひとまとめにして、オリジナルのスライド（情報が多すぎ、聴衆に過度な負担をかけるスライド）に戻る、というのがそのコンセプトだ。それぞれのポイントについて説明する際は、関連するテキストしか表示しないので、各スライドで聴衆が読まなければならないテキスト量はわずかしかない。それなら、発表者がスクリーンに表示されている内容についてくわしく説明しているときに、聴衆は注意を発表者に戻すことができる。

レイヤー化は、聴衆の注意を引きつけるために幅広く使える強力なテクニックだ。このアプローチは、第5章で説明するが、テキストだけでなくグラフにも使える。ポイントが複雑だったり、いくつもの段階からなる議論をしたいときには、情報がぎっしり詰まった1枚のスライドを、複数のスライドに分割してしまえばいい。このようにスライド要素をレイヤー化すると、集中させたいポイントに聴衆の関心をとどめておけるし、話している内容と表示している内容を時間的ズレなく統合できる。

テキストをレイヤー化するもっとも簡単な方法は、もとになる1枚のスライドを複数のスライドに分割し、各スライドのポイントとなるテキストの色（図4.10では黒）をそれ以外のテキスト（図4.10ではグレー）よりも濃くすることだ。私は、いちばん最後のスライドからつくり始めるのが好きだ。この方法だと、必要に応じてテキストの色を変え、不要なテキストを削除すればいいだけだし、一貫性も確実に保たれる。すべてのテキストはぴったり同じサイズになり、どのスライドも同じように表示されるからだ。アニメーションを使ってテキストを順番に表示する方法もある。PowerPointでは、［アニメーション］ツールで実現できる。これについてはCOLUMN ⑩で簡単に説明する（くわしくは、本書の参考サイトを参照）。

図4.9の例にレイヤー化アプローチを適用すると、もとのスライドが3枚のスライド（図4.10）に分割される。私が発表者なら、最初のスライド（図4.10左上）を見せ、おそらく聴衆にテキストを読むための時間

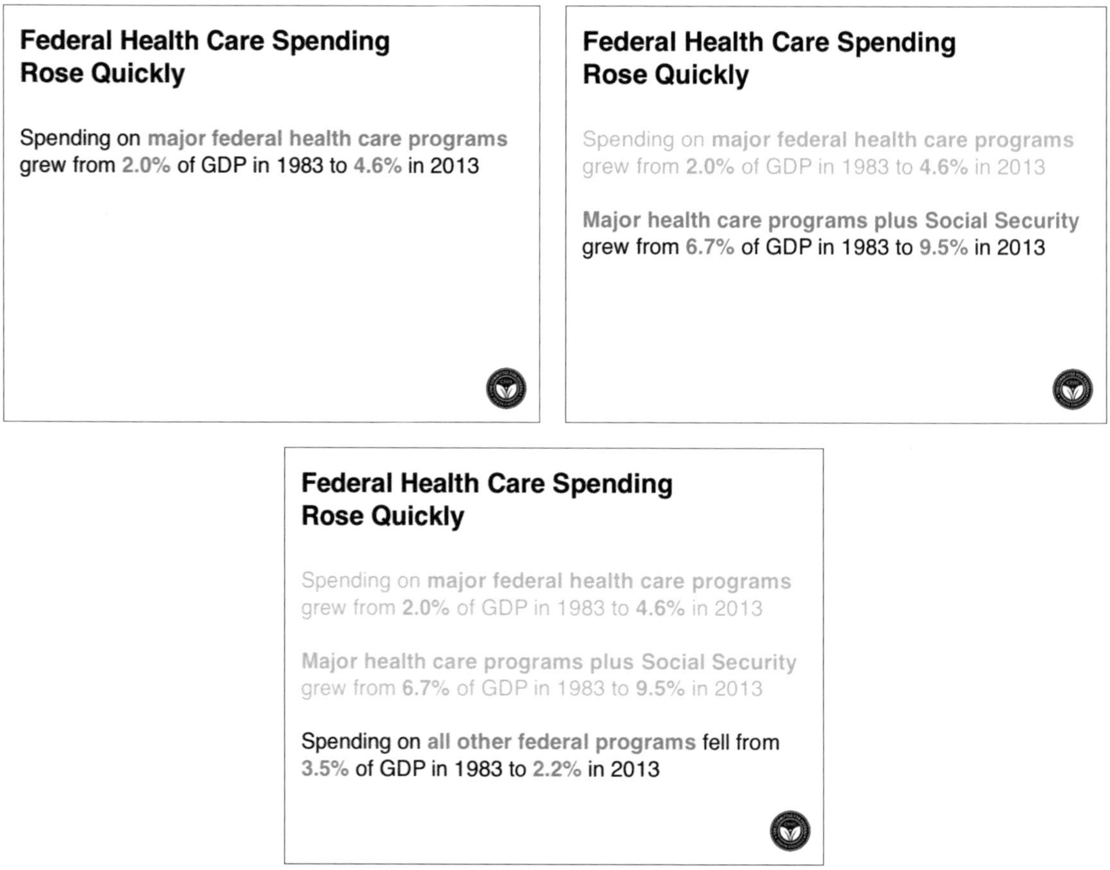

図4.10　テキストのレイヤー化

を与え、それから口頭で主張や指摘をつけ加える。次に、2枚目のスライド（図4.10右上）に移動して、もう一度、聴衆に読んでもらうために間をおき、それから主張や指摘をする、といった感じになるだろう。

このレイヤー化アプローチでは、質疑応答の際に以前のスライドに戻るのが面倒になる、と危惧する人もいるだろう。巻き戻すスライドの枚数が増えるからだ。私に言わせれば、資料を提示するときは、聴衆の注意を前向きに集中させることが望ましく、質問に答えるために戻る必要があるなら、聴衆は許してくれるだろう。

レイヤー化の逆バージョンを試してみる人もいるかもしれない（**図4.11**）。各スライドにはあらかじめすべてのテキストを記載し、まだ説明していない箇所は薄い色にしておく。プレゼンの進行に合わせて順番にスライドをめくると、説明中のテキストが濃くなる仕組みだ。この逆レイヤー化は、オリジナルのレイヤー化アプローチよりもよくない結果を招く。というのも、聴衆はこの場合でもスライド全体を読み取ろうとするはずで、そうすると、判読しにくい薄い色のテキストを読むという難題が追加されることになるからだ。

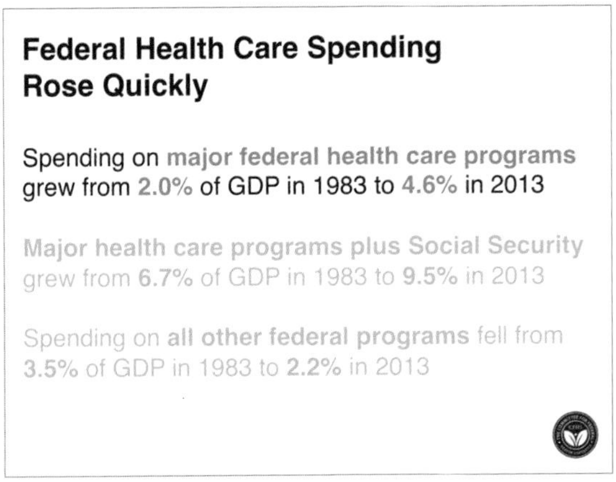

図4.11　逆レイヤー化

COLUMN 10　PowerPointのアニメーション

PowerPointの［アニメーション］ツールを使うと、テキストなどのオブジェクトをスライド上に順番に表示して、複数のスライドがあるかのように見せかけることができる。PowerPointには、ターン、フェード、ディゾルブ、ブラインド、チェッカーボードなど、多彩なアニメーションが30種類以上も用意されているが、これらのアニメーション効果はどれも必要ないので、触れないほうが賢明だ。使うのは［アピール］（表示）と［クリア］（非表示）だけにしよう。

スライド要素をアニメーション化するには、まずオブジェクトを選択してから、［アニメーション］タブを開く。そこで――この例

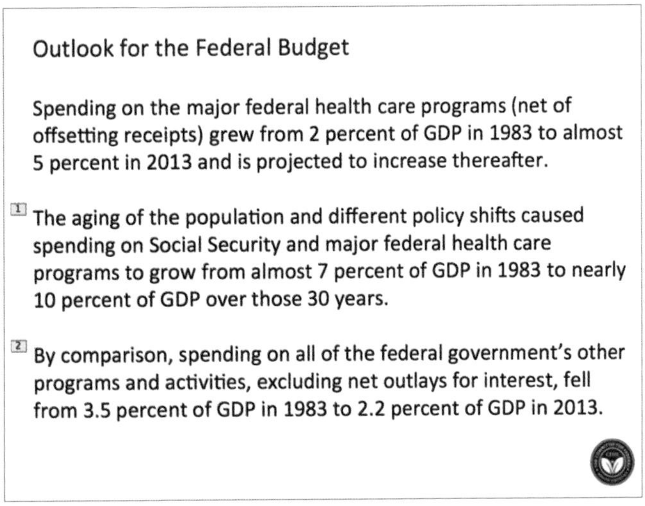

図4.12　アニメーションを使うと複数のスライドがあるように見せかけられる

アニメーション効果は［アピール］と［クリア］の2種類で十分。
アニメーション効果が設定されたオブジェクトの横には数字が表示される。

では、テキストを選択した状態で――［アピール］を選ぶ。すると、選択したオブジェクトの横に「1」という番号が表示される(**図 4.12**)。箇条書きごとにこの手順を繰り返すと、テキストの各セクションの横に続きの番号が表示される。たとえば、このテキストスライドを表示した時点では、「1」の箇条書きがスクリーンに表示される。クリックすると次の箇条書きが表示され、もう一度クリックすると最後の箇条書きが表示される。サブメニューのさまざまなオプションを使えば、さまざまなスタイル、タイミング、アニメーションを設定することもできる。

COLUMN ⑪ 先行研究スライド

私の経験では、スクリーンに映し出されるテキストの文字が遠くに、はるか遠くに見えるのは、なんといっても先行研究スライドであることが多い。先行研究について説明するときは、聴衆にとって本当に重要な参考文献に絞って提示すべきだ。あまりにも多くの発表者が、論文の参考文献リストに記載した著者名（と発行年）をそのまま列挙している。持ち時間 15 分の学会のプレゼンで無理なく論じられるようにと、絞りに絞った論点リストと直接関連のある参考文献は 2 つか 3 つしかないのに、75 もの著者名と発行年を列挙するのはなぜなのか。聴衆は長い文献リストがあることを知っている（か、少なくともそう思っている）ので、当該分野の全歴史を列挙するにはおよばない。先行研究の完全版を読みたければ、論文の参考文献リストをくまなく探せばいいのだ。この場合、レイヤー化も有用な戦略のひとつになるだろう。1 枚のスライドにすべての参考文献を載せるのではなく、まずはリストを絞り込み、それをいくつかのグループにまとめて複数のスライドで表示すればいいのだ。

数式のレイヤー化

専門的なプレゼンテーションで方程式などの数式を示す必要がある場合も、レイヤー化はとても役に立つ。理屈は同じで、一度にあまりに多くの情報を提示されると、聴衆はついていくのが難しくなり、発表者の主張とメッセージを受け入れにくくなるからだ。

テキストと同じく、数式もレイヤー化できる。その方法としては、数式内の特定の構成要素(変数など)のそれぞれをレイヤー化することから、

Estimating Returns to Education

$$lnW_i = \beta_0 + \beta_1 S_i + \beta_2 X_i + \beta_3 X_i^2 + \varepsilon_i$$

W_i = wages

S_i = years of schooling

X_i = years of experience

ε_i = residual

図4.13　一般的な数式スライド

たんに各数式の定義をレイヤー化することまで、さまざまな方法が考えられる。たとえば、**図4.13**の教育投資の見返りを推定する方程式について考えてみよう。右辺に変数が3つしかない場合でも、聴衆の目には、このスライドは雑然としているように見え、読みづらいかもしれない。ギリシャ文字や記号、数字、定義があり、それらすべてが聴衆の注意をそらす要因になるからだ。なじみのない概念や数式が提示されると、聴衆は困惑するほかないだろう。

方程式全体と各項の定義を含む1枚のスライド（図4.13）の代わりに、レイヤー化して方程式をひとつの項ごとに見ていくこともできるし、方程式全体を提示してから各項をレイヤー化してもいい。私はこれをさらに一歩進めて、方程式の特定の部分に色を加えることによって、レイヤー化アプローチとテキストの書式設定における戦略的使用とを組み合わせてみた（**図4.14**）。

くれぐれも忘れないでほしい。聴衆にとってその方程式や定理、数学的概念は、初めて目にするものかもしれない。方程式のもっとも複雑なバージョンを提示しなければ、などとは思わないこと。単純化したバージョンを示してから、複雑な公式を説明するのであれば、問題ない。モデルの基本的な特徴をはっきりと示し、聴衆になじみがあると思われる要素も含めて、提示した数式をじっくり説明すること。

テキストからビジュアルへ

完全にテキストから離れることで、レイヤー化アプローチをさらに推し進められる。先ほどから取り組んできたスライド（**図4.15**左）の各箇条書きには、たがいに関連性のある一連の数字が記載されている。最初

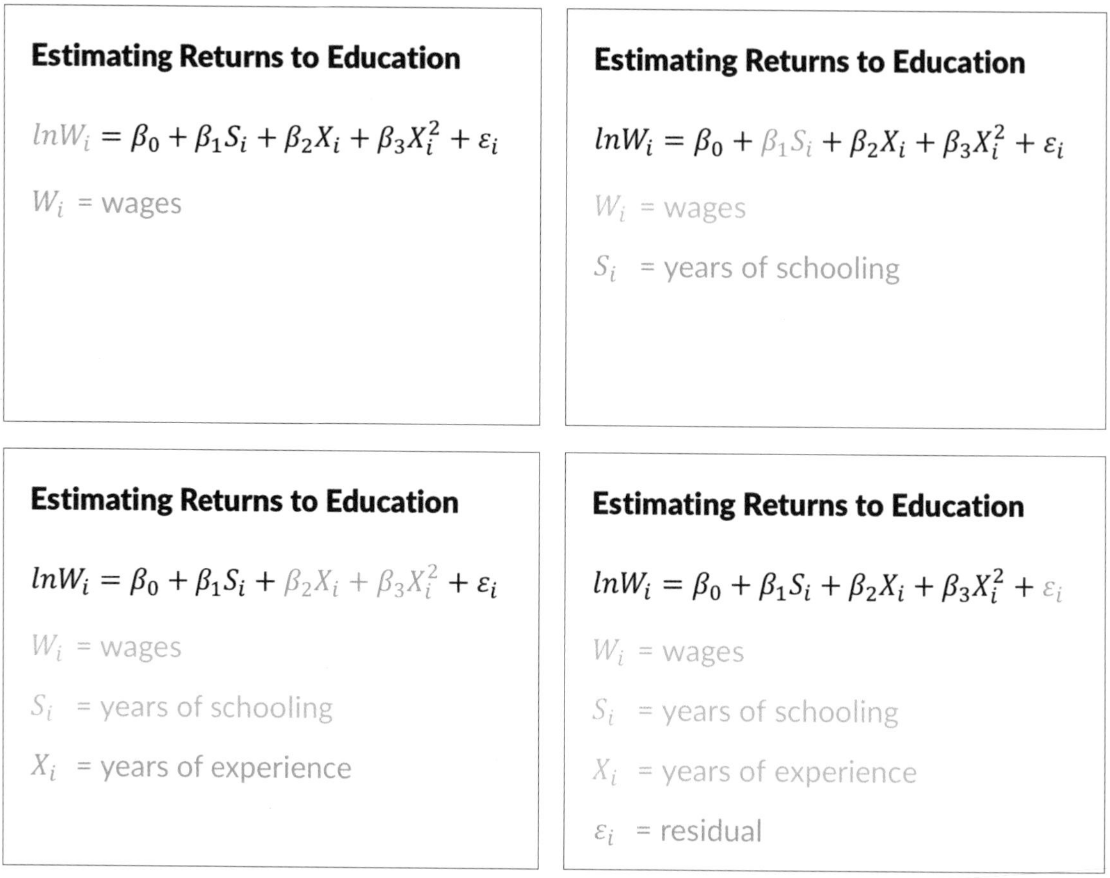

図4.14　数式のレイヤー化

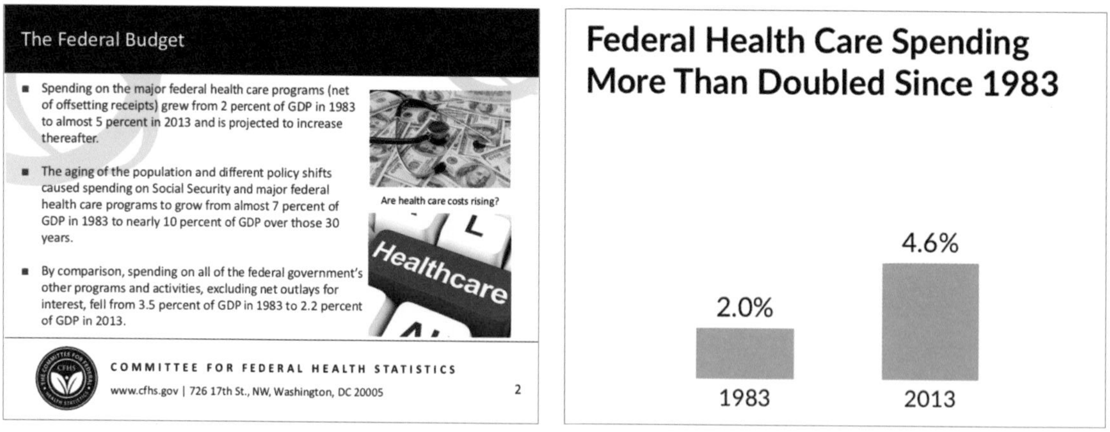

図4.15　テキストの多いスライドを可視化する

左は図4.2の再掲。右のように、同じ内容を見出しとグラフだけで表現することも可能だ。

の箇条書きの主題は連邦政府のおもな医療支出だ。スライドによると、1983年にはGDPの約2%だった支出が、2013年には5%近くにまで増加した。このテキストをすべて書き出すのではなく、グラフにしてみてはどうだろう。ここでは、長い文章の代わりに、生き生きした見出しとグラフを組み合わせてみた（図4.15右）。このようにすれば、聴衆はひと目でポイントを見抜ける。また、テキストの量を大幅に減らせば、聴衆はスライドを読むよりも発表者の話に耳を傾けるようになるだろう。このグラフには数字を含めたが、数値などのラベルがないほうがいい場合もあるだろう（たとえば、複数のデータポイントを表示する場合や、正確な数字よりもグループ間のちがいをシンプルに可視化するほうが重要な場合など）。ほかの2つの箇条書きについても同じことをおこない、それらを別個のスライドとして追加することで（**図4.16**）、聴衆はそれぞれのポイントをひとつずつ確認していけるようになる。

データの値そのものではなく、どのように変わったかに注目してほしい場合もあるかもしれない。そのような場合は、数値ではなく変化に焦点を合わせれば、聴衆に示す次元の数を減らせる。たとえば、講演者が医療支出、社会保障支出、その他の支出のレベルを強調するのではなく、これら3つの変数が過去30年間でどのように変化したかを強調したいとしよう。その場合は、縦棒グラフ（**図4.17**左）やスロープグラフ✐（図

✐折れ線グラフの一種で、2点間の推移のみを傾きで示す。

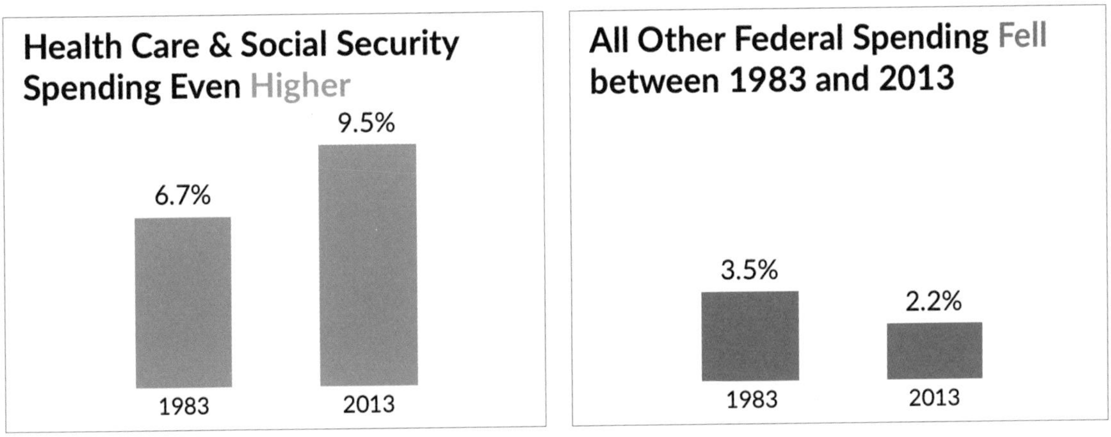

図4.16　箇条書きをグラフ化する

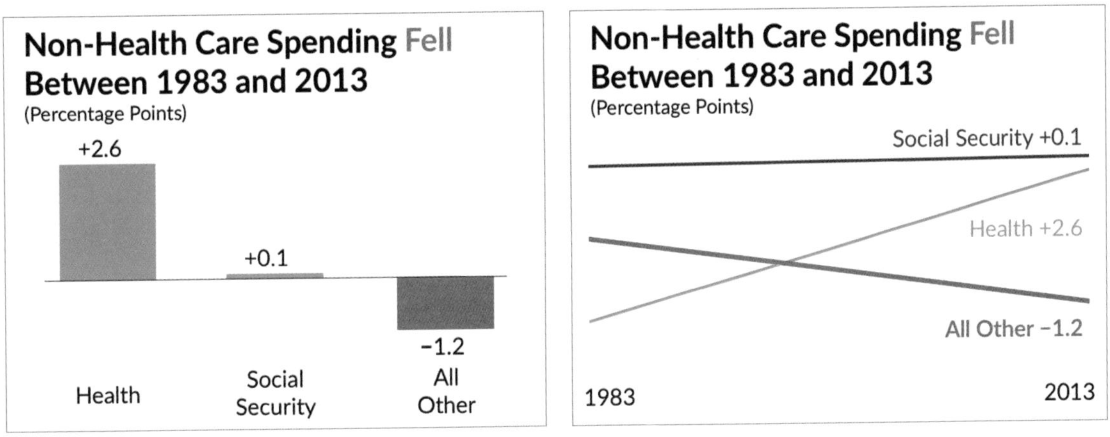

図4.17　別種のグラフを使った例

4.17 右）のほうが適しているだろう（これらについては次章で詳述）。また、図 4.17 のスライドは、どちらもオレンジ色を使って、「その他の支出（All Other）」の減少に注意を引きつけていることにも注目してほしい。

▼ ▼ ▼ ▼ ▼

結局のところ、プレゼン資料のテキスト量を減らせば、聴衆にとっては、読まなければならない量が少なくなるので、ずいぶん楽になるはずだ。さらに、テキストをビジュアルに置き換え、言葉よりも画像のほうが認識・記憶しやすいという人間の先天的能力を活用することができれば、聴衆は発表者とその発表内容に注目しやすくなる。次の 2 つの章では、質の高いグラフや表のつくり方、画像の探し方、それらをプレゼン資料に挿入する方法を説明する。

「テキストスライド」について覚えておくべき3つのこと

1. 可視化： テキストはなるべくビジュアルに変換すること。人間はビジュアルのほうが記憶・認識しやすいからだ。

2. 統一： 同じようなレイアウトと構造を使うことによって、プレゼン資料全体を通してテキストスライドの一貫性を維持すること。

3. 集中： 適切な階層構造とレイヤー化アプローチを使って、必要な場所に聴衆の目を向けさせ、注意を集中させること。

第5章 データ可視化スライド

前章では、スライドにテキストを効果的に加える——聴衆がすばやく簡単に処理できるように、テキストを少なく（そして大きい文字に）する——方法を検討した。この章では、ビジュアル要素について考えてみよう。研究者は、プレゼンテーションで推定値や調査結果を示すのに、グラフなどのビジュアル要素をよく使う。ジョン・メディナが『ブレイン・ルール』[50]のなかで述べているように、情報はビジュアルとして提示されると記憶に残りやすくなるので、グラフが聴衆におよぼす影響は大きい。聴衆のニーズを念頭に置いて作成されるグラフなら、なおさらだ。

多くの発表者がPowerPointの初期設定の誘惑に屈してスライドにテキストを詰め込みすぎてしまうのと同様に、グラフにおいても、プレゼンソフトやグラフ作成ツールがもたらす悪癖を身につけてしまっている。これらのツールで初期設定のまま作成したグラフには、むだな要素や不用品が含まれていることが多い。そのため、聴衆は、発表者が伝えようとしているデータや具体的な話の流れを明確にとらえづらくなる。どんなグラフを作成し、その外観をどのように整えるべきかをツール任せにしてしまうのではなく、そのグラフで伝えたい具体的なメッセージは何なのかをじっくり検討してみる必要がある。そうすれば、聴衆が簡単に情報を得られるような配慮をしつつ、グリッド線、目盛、データマーカー、データラベル、色などの要素を適切に選択できるようになるだろう。

データを可視化する方法は数多い。 棒グラフ、折れ線グラフ、円グラフ、散布図、地図、……ほかにもまだまだある。データをできるかぎり可視化することはもちろん重要だが、事前にその用途と目的についてじっくり考える癖をつけておこう。そうすれば、それぞれのデータに見合ったビジュアルや、プレゼンテーションに最適なビジュアルを選びやすくなる。Excelで作成したグラフをそのままPowerPointに貼り付けると、あるいは論文からぼやけたグラフ画像を流用したりすると、論文用の画像とプレゼンで表示する画像の根本的なちがいがないがしろにされてしまう。グラフは、プレゼン内容の一部をビジュアルとして一瞬のうちに示せる強力な武器なのだ。だからこそ、聴衆がすばやく情報を処理し、発表者の話に注意を戻せるように、グラフは単純明快で、理解しやすいものでなければならない。

前注意属性の活用

データを効果的に可視化するには、脳の「視覚的前注意処理」を活用すべきだ。これは、心理学者のアン・トリーズマン[77]が初めて明らかにしたとされる事実で、データ可視化の分野においても数多くの研究がおこなわれている。簡単にいうと、人間の目は一連の限られた視覚的特徴（形やコントラストなど）を検出するようにできているので、私たちは対象物のさまざまな特徴を組み合わせ、無意識のうちにそれらをひとつのイメージを構成するものとして認識する。「注意処理」（物事を順番に知覚し、整理していく意識的な認識）とは対照的に、前注意処理は見ることと並行しておこなわれる。つまり、対象物の存在に気づく、その物へ注意を向ける、その物と記憶に保持されている内容とを比較する――これらのことがすべて同時におこなわれるのだ。したがって、前注意処理の処理スピードは注意処理よりもはるかに速い。

以下の単純な例は、前注意処理がどのように働くかを示したものだ。次の一連の数字列における「3」の出現回数を数えてみよう。

1269548523612356987458245
0124036985702069568312781
2439862012478136982173256

今度は、次の数字列で同じ作業を繰り返してみよう。

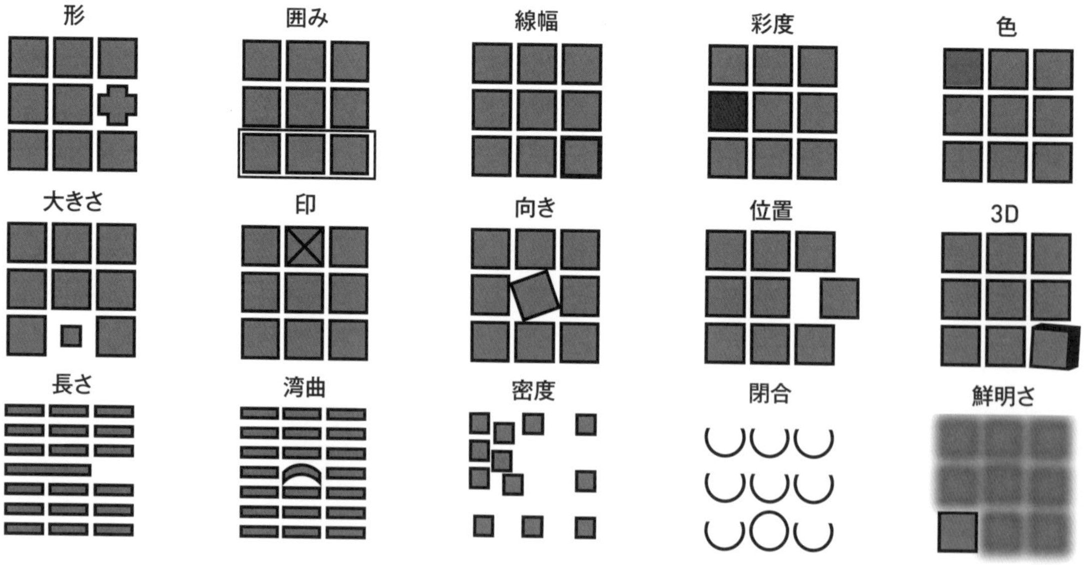

図5.1　前注意処理のさまざまな属性

1269548523612356987458245
0124036985702069568312781
2439862012478136982173256

この数字列でも試してみよう。

1269548523612356987458245
0124036985702069568312781
2439862012478136982173256

次の数字列ではどうだろうか。

126954852**3**612**3**56987458245
01240**3**69857020695683**3**12781
24**3**98620124781**3**698217**3**256

2番目、3番目、4番目の数字列の「3」は、最初の数字列より見つけ

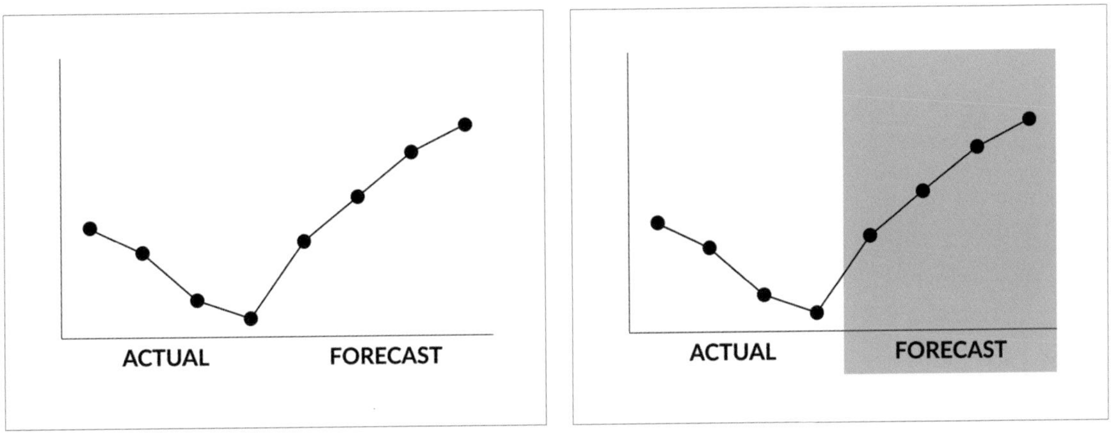

図5.2　前注意属性：位置と囲み

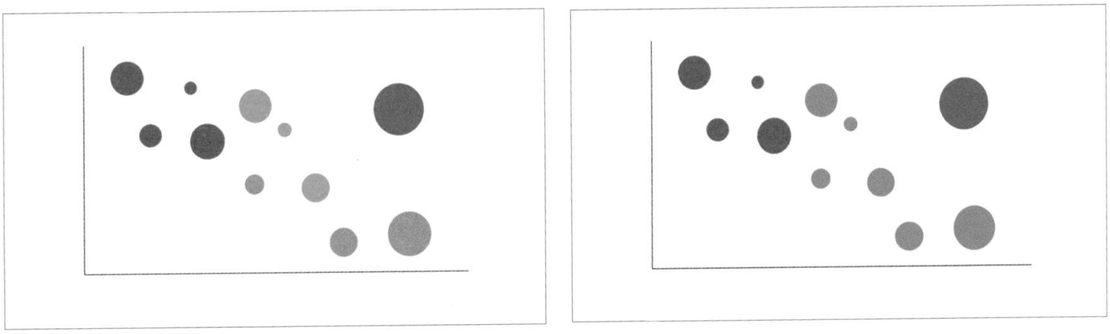

図5.3　前注意属性：位置、大きさ、色

やすくなっている。これは、数字の3がさまざまな前注意属性を使って記号化されているからだ。順番にそれぞれ色（赤）、濃淡（グレーと黒）、太さ（太字）の前注意属性が使われている。こうした前注意属性のおかげで、各数字列の3を簡単に見つけ出せる。前注意属性とは、要するに、周囲から浮き出て見える、形や色などの効果のことだ。

図5.1に示すように、人間の目と脳のシステムにかかわる前注意属性には、形や位置、向き、色、太さなど、多くの種類がある（2012年のクリストファー・ヒーリーとジェイムズ・エンスの論文[37]および参考サイトに、くわしい前注意属性の実例が示されている）。プレゼンでデータを提示するときに、これらの属性を利用すれば、聴衆はその意味をすばやく簡単に把握できるようになるだろう。

前注意属性の効果を確かめるには、折れ線グラフと棒グラフが最適だ。折れ線グラフはデータを示すのに点の位置を使用し、棒グラフは長さを使う。これらのグラフに前注意属性を適用すれば、聴衆の視線をうまく誘導し、特定のポイントに注意を引きつけることができる。**図5.2**の例では、囲み属性を使ってグラフの「予測〔FORECAST〕」領域を明確化してみた。グレーの囲みがあるせいで、視線がすばやくその領域に引きつけられるのがわかるだろう。

とはいえ、こうした効果をいくつも併用しすぎると、全体的なインパクトが逆に弱まってしまう可能性がある。**図5.3**のバブルチャートで、データを示す各バブルの色、位置、大きさがどのように処理されているかに注目してみよう。左図では、どの色や大きさのバブルに注目すればよいかが不明確なので、視線が定まらない。ところが、右図のようにバブルの一部を目立たないグレーに変えると、あっという間に赤のバブルのグループと孤立した青のバブルに視線を合わせてしまっているはずだ。

グラフを作成するにあたっては、聴衆に集中してほしいポイントはどこかをじっくり考えてみること。そして、前注意属性を使ってデータを効果的に可視化し、聴衆の注意をそのポイントに集中させよう。データ可視化の用途と作成に関しては、第1章で述べた3つの基本指針が役に立つはずだ。

1. **可視化：**これは説明するまでもないだろう。分析の結果は口頭で言うだけでなく、スライドに表示すること。絶対に結果を箇条書きや20列40行の解読不可能な複雑な表の形で示さないこと。プレゼンテーションでは分析結果のこまごました詳細に立ち入るべきではないが、重要な側面と分析の成果を強調するにはよい機会だ。重要な要素を可視化すれば、聴衆にとってより明確で記憶に残るものになる。たとえば、円とは何かを教えるには、言葉でくどくど説明するよりも、スクリーンに図形として表示してしまったほうがよほど手っ取り早い。

2. **統一：**グラフの種類や色やフォントをプレゼン資料全体の外観やレイアウトに見合ったものにすること。ビジュアルが統一されていれば、聴衆は、発表者がきちんと聞き手の立場に配慮したうえで、研究を提示する最良の方法を考えてくれたのだと感じるだろう。口頭でグラフ要素のひとつひとつをこと細かに説明したいという誘惑に負けないこと。代わりに、効果的な情報伝達というただひとつの目標に向かって、テキスト、グラフ、発言を統一しよう。これはつまり、テキストとグラフをばらばらにしておくのではなく、ひとまとめにするということだ。たとえば、凡例はグラフの横か下に置かれることが多いが、グラフ内かタイトルの下に移動しよう。グラフとテキストを統合すれば、グラフを読み解くのにそれほど頭を悩ませる必要はなくなるので、聴衆はすぐに発表者の話に注意を向けられる。
3. **集中：**具体的で詳細なグラフは、論文であれば読者に多くの情報を与えられるが、同じグラフをスクリーンに映しても聴衆の関心を引くことはできない。研究者は、グラフにあまりにも多くの不用品を配置してしまう傾向がある。たとえば、濃い（または太い）グリッド線、不要な目盛やラベルやテキスト、あまり関係のないアイコンや写真、装飾的な影やグラデーション、3D グラフのような無意味な次元、などがそうだ。こうした要素は聴衆を混乱させ、データ表現をゆがませかねない。

プレゼン向きの見やすく効果的な図表（折れ線グラフ、棒グラフ、面グラフ、地図など）を作成するのに、高価なソフトウェアや何週間もの研修は必要ないが、ビジュアルとして伝達できる（またはすべき）情報の種類についてはじっくり考える必要がある。多くの研究者は、このことに慣れていない。この章では、聴衆が発表者の議論やメッセージをはっきり理解できるような、見やすいビジュアルを作成するにはどうすればよいかを考えてみよう。

グラフのレイヤー化

前章で紹介したレイヤー化アプローチは、ほとんどの種類のグラフにも適用できる。レイヤー化をほどこしたグラフは見やすく、ポイントを把握しやすい。幸い、テキストのレイヤー化と同じく、グラフのレイヤー化も特別なスキルを必要としない。ふつうにグラフを作成することができれば問題ない。まずは、もとのグラフに修正を加え、スライド上のデータを見やすくしておく。次に、各スライドの変数やデータ要素を、前のスライドよりもひとつ少なく表示されるように、少しずつ削除していく。これで、変数やデータ要素がひとつずつ増えていく一連のスライドの完成だ。プレゼンの際は、聴衆が一度にひとつの変数に焦点を合わせられるように、それを紹介しながら、スライドを表示していけばよい。

カレッジボード（The College Board）の報告書『Trends in College Pricing 2015〔2015年版 大学にかかる費用の傾向〕』のグラフを例に考えてみよう。これは大学にかかる費用を一覧にしたものだ。この報告書には数十のグラフ（おもに縦棒グラフと横棒グラフ、折れ線グラフ、円グラフ）が含まれている。カレッジボードのウェブサイトでは、PDF版の報告書[15]に加え、PowerPointスライド、Excelの生データファイルも提供されている。

まずは、PDF版に掲載されている**図5.4**を見てみよう。

なるほど、改善すべき点がいくつかある。たとえば、凡例はデータと別に配置するのではなく、ラベルとして直接グラフに貼り付けたほうがいいだろう。また、グラフの上の説明文では学生の支出の百分率分布に重点が置かれているが、グラフでは金額（ドル）が表示されている。もちろん、読み手が計算することは可能だが、見出しのメッセージはデータの表現と一致させるべきだろう。また、4つのグループ間で「学費（Tuition and Fees）」カテゴリーを比較するのはきわめてやさしい。すべて左寄せになっているからだ。しかし、他のカテゴリーの場合は、垂直

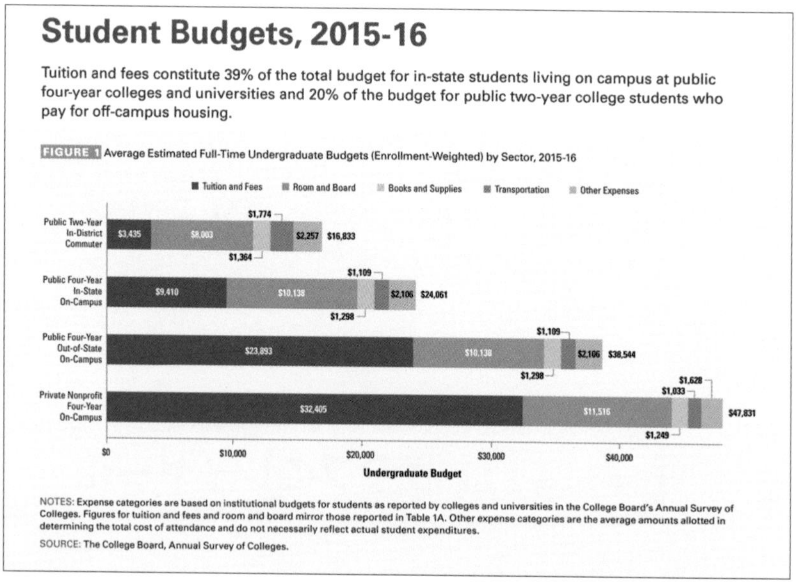

図5.4　カレッジボードの報告書『Trends in College Pricing』のFigure 1

（*Trends in College Pricing 2015*. Copyright ©2015. The College Board. www.collegeboard.org. 許可を得て複製）

ベースラインがそろっていないので、間違わずに比較するのはかなり難しい。この場合、「学費」以外のカテゴリーを切り離し、それらのカテゴリーをそれぞれ別個のベースライン上に配置すれば、この不明確さを解決できる。

そういうわけで、このグラフは理想的とはいえない。それでも、文書の報告書に記載されているため、読者は時間を気にせず、数字を詳細にチェックしたり、それぞれのグループや横棒セグメントをくわしく調べたり、ラベルを読んだりできる。文書であれば、読者は書かれた情報を理解し処理するのに、好きなだけ時間をかけられるのだ。

次に、カレッジボードが提供しているPowerPointファイルの画像（**図5.5**）を検討してみよう。このスライド画像とPDF版とのあいだにはいくつか小さなちがいがある。背景色が黄褐色から白になり、タイトルスペースが広くなった。下部全体にタイトルやロゴが追加され、「注(NOTES)」が削除されている。グラフの中身は変更されず、ドルのラベルと軸のラベルはそのまま配置されている（文字サイズはすべて10ポイント程度）。このグラフを聴衆が読み取ろうとしている場面を想像してほしい。それぞれの凡例と横棒内の各カテゴリーのつながりをすばやく理解しようとしても、それぞれのラベルと小さな文字によって混乱させられる。さらに、グラフの説明をする講演者の声でたえず焦点が乱される。

このグラフをプレゼンで効果的に使うには、どのようにレイヤー化すればよいだろうか。

レイヤー化のカギは、強調したいポイントに聴衆の注意を集中させる

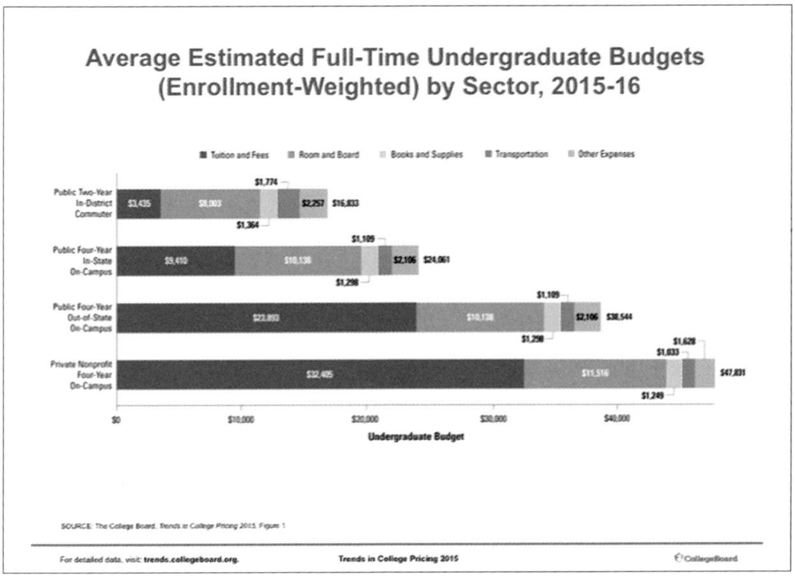

図5.5　Figure 1（図5.4）のPowerPointスライド

（*Trends in College Pricing 2015*. Copyright ©2015. The College Board. www.collegeboard.org. 許可を得て複製）

ことにある。このことをよく覚えておいてほしい。「大学にかかる実際の費用」についてのプレゼンテーションをしているところだとしよう。見出しのメッセージは、「大学にかかる費用の総額を新入生（とその家族）に正しく知ってもらえば、卒業率の上昇が見込める」だ。プレゼンのこのセクションを、カレッジボードの報告書の要点を正確に指摘することから始めよう。州立4年制大学に在籍している州内出身の寄宿生（Public Four-Year In-State On-Campus）と公立2年制大学に在籍している地区内出身の通学生（Public Two-Year In-District Commuter）のあいだには、「学費」に費やされる総予算の割合にかなり大きなちがいがある。次に、前者の詳細に焦点を当て、残りの費用を制約している要因を調べる。

COLUMN 12　棒グラフのラベル

x軸のラベルが長すぎて、スペースに収まり切らないこともあるだろう。図5.4のカレッジボードのラベルつきグラフが90度回転した積み上げ縦棒グラフだったとしたら（この手法はよく使われる）、それを解読するのがどれほど難しいか考えてほしい。その場合、ほとんどのプレゼンソフトは、**図5.6**のように、軸ラベルを回転させて使えるスペースに収まるように調整してしまうので、読者や聴衆は頭を横に傾けなければならない。文字サイズを変更したり、テキストをスペースに収まるように回転させたりすることを案じるくらいなら、たんにデータを回転させて横棒グラフにしてしまったほうがうまくいく場合が多い。棒の長さを基準にデータを読み取ることには変わりはないが、ラベルはこのほうがはるかに読みやすい。

図5.4や5.5を参照

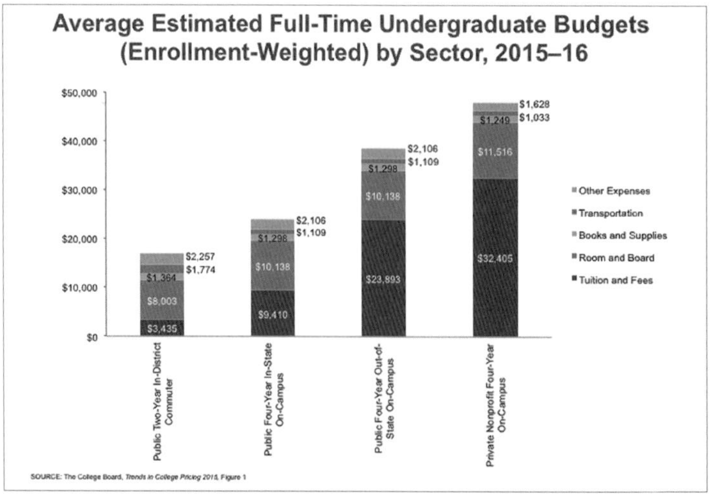

図5.6　プレゼンソフトにより軸ラベルが回転してしまったスライド

ここで、発表者が話している内容とスクリーンに表示されている内容の統一が必要になる。このポイントについてどのように話せばよいだろうか？　また、議論をもっとも的確に補足できるのはグラフのどの部分だろうか？　特定のグラフを通して聴衆をどのように仕向けたいかを見きわめることが、レイヤー化の方法を決める最初のステップだ。

この例では、1枚のスライドを5枚のスライドに分割できるだろう。まず、4つのカテゴリーで「学費」の値だけを示し、考察している2グループの値をハイライトする（**図5.7**上段左）。次のスライド（図5.7上段右）では、ほかの費用に焦点を移して、「住居費と食費（Room and Board）」の値を示す。ここでは州立大学に在籍する州内出身の寄宿生だけに注目するのがいいだろう。このように横棒セグメントを別々の垂直軸上に分割すると、4つのカテゴリー間で費用を比較しやすくなることに注目しよう。テキストをレイヤー化するのと同じように、前のスライドの横棒の色を薄くすると、聴衆は重要な支出項目に注目しやすくなるだろう。この例ではさらに、割合の話に合わせて、単位をドルからパーセントに変更してあることにも注意しよう。また、それぞれの横棒の上に5つのアイコンを戦略的に配置しておいた。こんなふうにちょっとしたデザインを追加すれば、スライドをこれ以上テキストで雑然とさせることなく、前のカテゴリーが何だったかを思い出させることができる（アイコンや画像の見つけ方やその挿入方法については次章で詳述）。

グラフを単純化し、グラフと文字をどちらも大きくしたので、聴衆はデータをすばやく読み取り、すぐに注意を発表者に戻せるようになった。

プレゼンテーションの論題が大学生の学費全般の場合は、聴衆にこれらすべてをまとめて見せること、つまり、もとの複雑なグラフを見せることが重要であると思うかもしれない。しかし、その場合でも、レイヤー化アプローチを使って学生の各グループをひとつずつ検討してから、最後にすべてを表示したグラフに戻るという手が使える。聴衆にはすでにそれぞれのグループの詳細が示されているので、全体像に焦点を当てても、すでにその準備ができているわけだ。あるいは、小規模な研究会でのプレゼンなら、グラフを資料として配布してもいい。その場合、聴衆が配られた資料に目を通しているあいだは、しばらく黙って立っていること。聴衆が資料を見終わったら、自分に注意を集めてからグラフを説明すればいい。ただし、この方法には落とし穴がある。プレゼンの冒頭で資料を配ってしまうと、発表者が話している最中に、聴衆がその資料を読みふけってしまいかねない。配布資料を使った効果的な戦略、その是非については第9章で論じる。

一般に、レイヤー化アプローチは導入が簡単で、テキストで使ったテクニックはグラフでも使える。たとえば、最後のグラフからつくり始めること。タイトルやデータラベル、軸などがすべて適切に配置されていることを確認したら、そのグラフを複製し、項目を削除したり、スライドの背景色に合わせて色を変えたりしていく。

作成中は、グラフの棒や線がずれないように、最初に軸の目盛を忘れ

図5.7　オリジナルのカレッジボードのグラフをつくり直したもの

単純化とレイヤー化をおこなった。また、単位をドルからパーセントに変更してある。
上段左では、4つのカテゴリーの中から「学費」だけを示し、考察している2グループの値をハイライトした。
上段右では「住居費と食費（Room and Board）」に焦点を移している。テキストのレイヤー化と同様に、
前のスライドで示した棒の色を薄くすることで、重要な項目に聴衆の注目を集められる。
5つの棒グラフの上にアイコンを配置したので、文字を減らしつつ図の説明ができる。

ずに固定しておくこと。つまり、軸はどのグラフでもすべて同じにしておく必要がある。**図5.8**の例では、濃い青の棒は2つのグラフで同じ値を示しているが、縦軸の範囲が0～20%（左）から0～40%（右）に変わると、ずいぶんとちがって見える。PowerPointでグラフを作成する場合は、[アニメーション]ツールを使えば、系列ごとに表示と非表示（[アピール]と[クリア]）を切り替えることもできる。本書の参考サイトには、

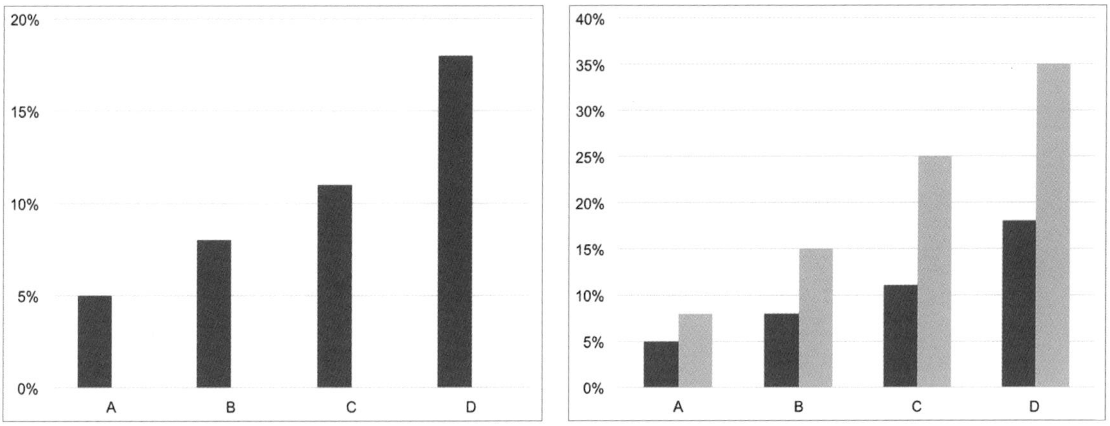

図5.8　縦軸を固定して、どのスライドでもデータが同じように表示されるようにする

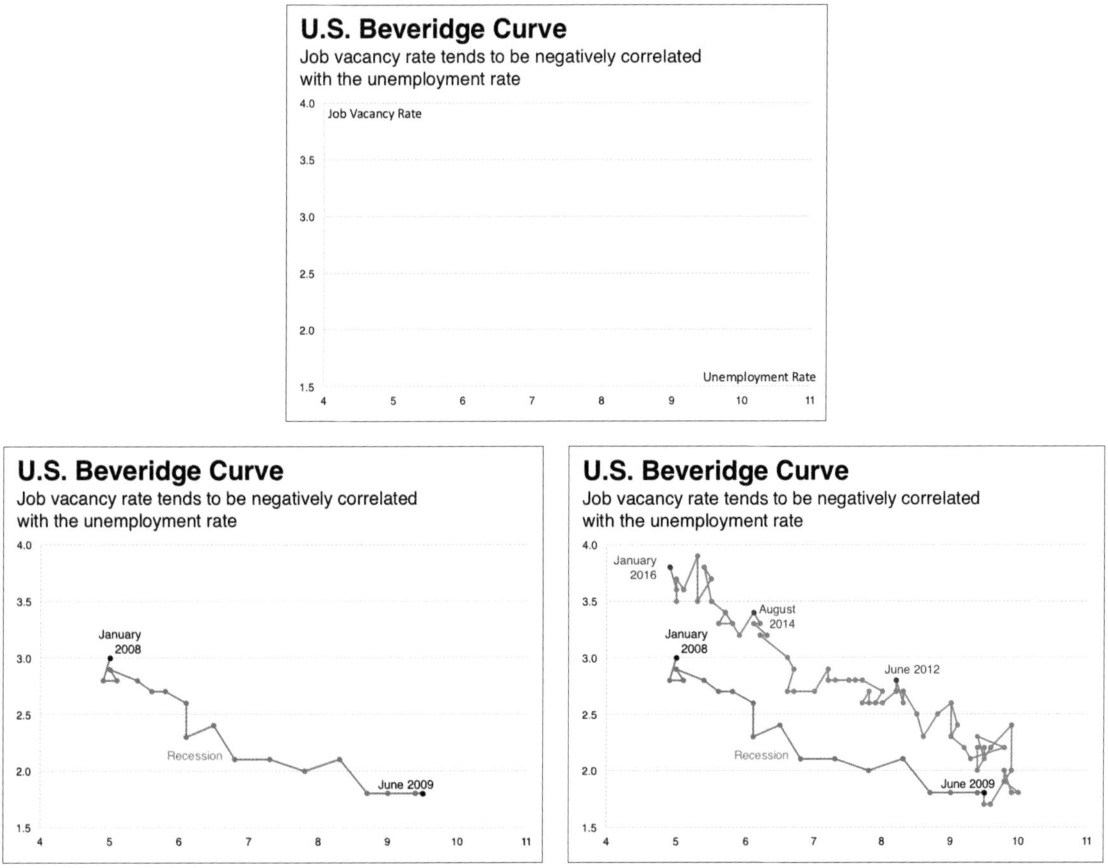

図5.9　まず軸を表示し、次にデータを表示する

この方法についてのチュートリアルを用意してある。

カレッジボードのもとのグラフと私の修正版とのあいだには大きな変更があることに気づかれただろうか。そう、全体的にテキストの量がかなり少ないのだ。スライド上のテキストとラベルの量を減らし、その内容を口頭で話すだけで、聴衆はグラフをきちんと読み取り、その意味を理解できるようになる。たとえば、軸にラベルを書き込まなくても、口頭でグラフを説明すればすむ。また、最初に軸だけを表示するという戦略も使える（**図5.9**上）。次いで、グラフにデータを追加すると（そして、さらにレイヤーを重ねていくと——この例では3枚目〈右下〉のスライドで）、グラフ空間がどのように定義づけられているかがわかるので、聴衆はグラフの内容とデータのもつ意味を理解できるようになる。

なくてもいいテキストはまだほかにもある。それは、スライド下部の出典や注の長いリストだ。その詳細が重要なら、口頭で説明してもいいが、長ったらしい出典や詳細な注が（しばしばURLつきで）記載されていると、聴衆はそれに気をとられ、話も聞かずに読もうとしてしまう（**図5.10**左）。スライド下部の「出典：国勢調査局（Census Bureau）」といった短いテキストや、統計的有意性を示すアスタリスクの凡例といったものくらいなら問題はない（これらも口頭で述べることができるが）。また、次の画像についての章（第6章）で説明するように、著作権表示は重要だ。とはいえ、通常は、グラフや表にいちいち引用した論文の完全なタイトルや出典を添える必要はない（図5.10右）。その代わり、スライド資料の最後に、すべての出典や注と詳細な関連事項を記載したスライド——いうなれば「巻末注」スライド——を追加することを検討してほしい。そうすれば、プレゼン資料に必要な情報をひとまとめにできる。これは通常、プレゼンの最中に表示するようなスライドではないが、プレゼン資料を共有する予定がある場合は、このスライドが含まれていることを伝

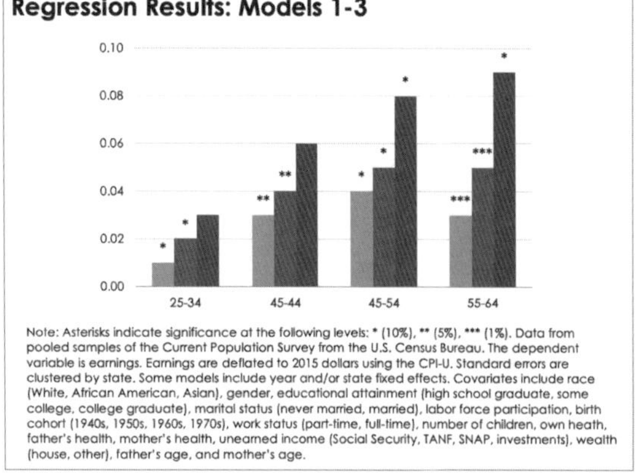

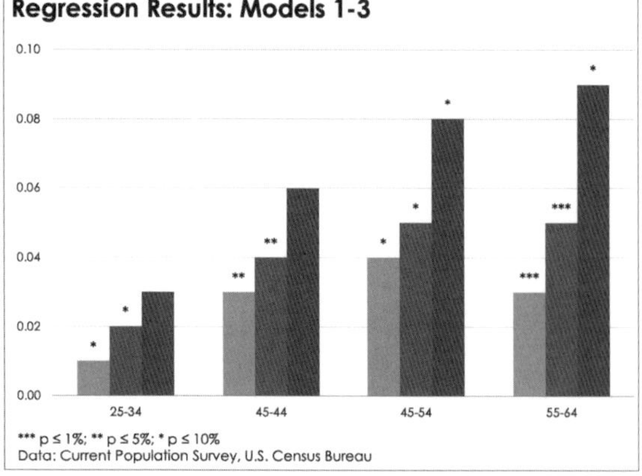

図5.10　不要な出典やメモを削除または削減する

えておける。共有する予定がない場合でも、特定の出典などの詳細を尋ねる人がいたときのために、この「巻末注」スライドを用意しておいたほうがいいだろう。

基本グラフのデザイン：折れ線グラフ

できの悪いグラフは、情報を効果的に伝えられなかったり、さらには、データがゆがんでいるような印象を与えたりする。この節では、データの可視化を戦略的に考える方法を説明し、効果的なグラフを作成するためのいくつかの道筋を示す。Excelほど複雑なツールを使わなくても、あらゆる種類のグラフを作成できるのだ。

研究論文や調査報告書に載せるために作成されたグラフには、多くの情報を詰め込みすぎたものが多い。その手のグラフをそのままプレゼンで使うと、聴衆はその細部を読み解くのに苦労したり、焦点を合わせるべき場所がすぐにはわからなかったりする。その結果、注意が散漫になり、発表者の話に集中できなくなってしまう。

図5.11の社会保障諮問委員会（Social Security Advisory Board）のグラフを検討してみよう。こんなふうに多くの線が交差していると（グラフ全体を囲む境界線が不要なことは言うまでもない）、パターンや傾向を読み取りにくくなる。この手のグラフは「スパゲッティグラフ」と呼ばれているが、この例などは序の口で、もっとこんがらかったものもある。何が表示されているかもわからないほど多くの線とデータで埋めつくされたグラフを見たことがないだろうか。このグラフには線が4本しかないが、それでも欠点がある。各ポイントのデータマーカーに加えて、何本もの線が交差しているため、ひとつのパターンに焦点を合わせにくいのだ。また、凡例はグラフ内に統合されておらず、横に配置されている。Excel 2010のデフォルトカラーをそのまま使っているところを見ると、残念ながら、このグラフの制作者はこれらの色をプレゼン資料のほかの要素と統一していないようだ。選択した色によって十分な情報が伝えられるかどうかについても、ほとんど考慮しなかったと思われる。

このグラフをうまく提示する方法としては、4本の線をそれぞれ別個に表示することが考えられる。これは、簡単で自然なレイヤー化アプローチだ。グリッド線を薄くし、「(パーセント〔Percent〕)」を副題として追加すれば、y軸沿いの%記号をまとめて削除することもできる。最後に、凡例とデータを統合すると、スライド上のグラフのサイズを大きくでき、聴衆はラベルとデータを関連づけやすくなる。

入り組んでわかりにくい折れ線グラフを聴衆に提示するために使える

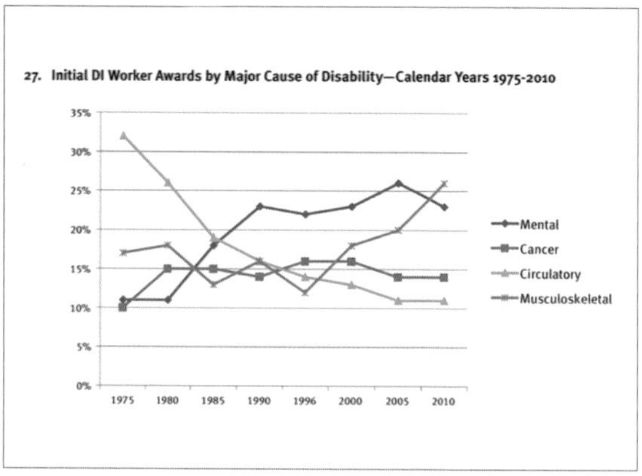

図5.11　障害要因ごとの障害者年金受給者を示すスパゲッティグラフ

（出典：Social Security Advisory Board〔社会保障諮問委員会〕, 2012）

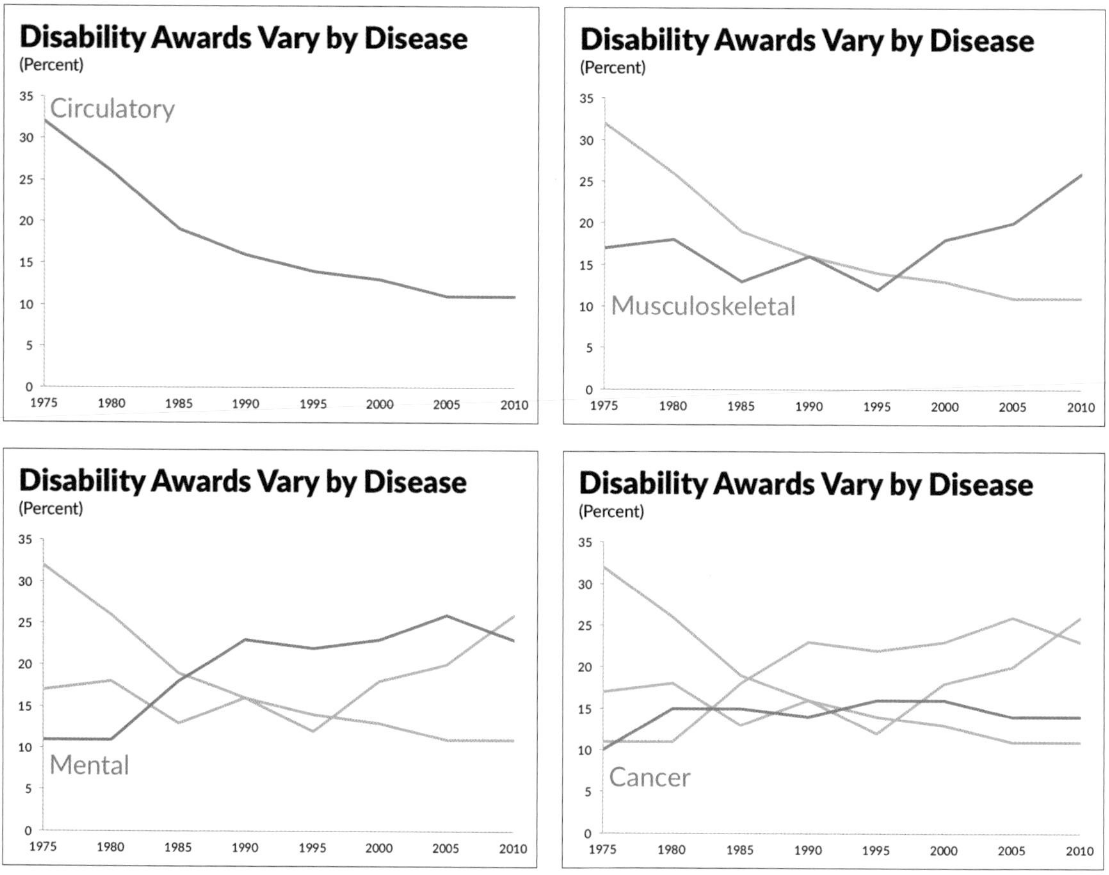

図5.12　ひとつのグラフを系列ごとにレイヤー化する

戦略はいくつかある。最初の戦略は、レイヤー化だ。ひとつのグラフ上に各系列を順次追加していくのだ（**図5.12**）。口頭で説明しながら各系列を表示していくわけだが、その際、ほかの系列はグラフ上に残しておくこと。そうすれば、すべてのデータの相対的なパターンのちがいを確認しやすくなる。グレーの線を背景に青い線が際立っていることにも注目しよう。このグレーの線は、座標系の役割を果たしている。レイヤー化アプローチは、大きな絵のさまざまなピースを聴衆に示すのによい方法だ。また、もとの複雑なグラフを複製して修正するだけなので、もっとも簡単な方法でもあるだろう。

次の戦略は、「スモールマルチプル」アプローチを採用することだ（図

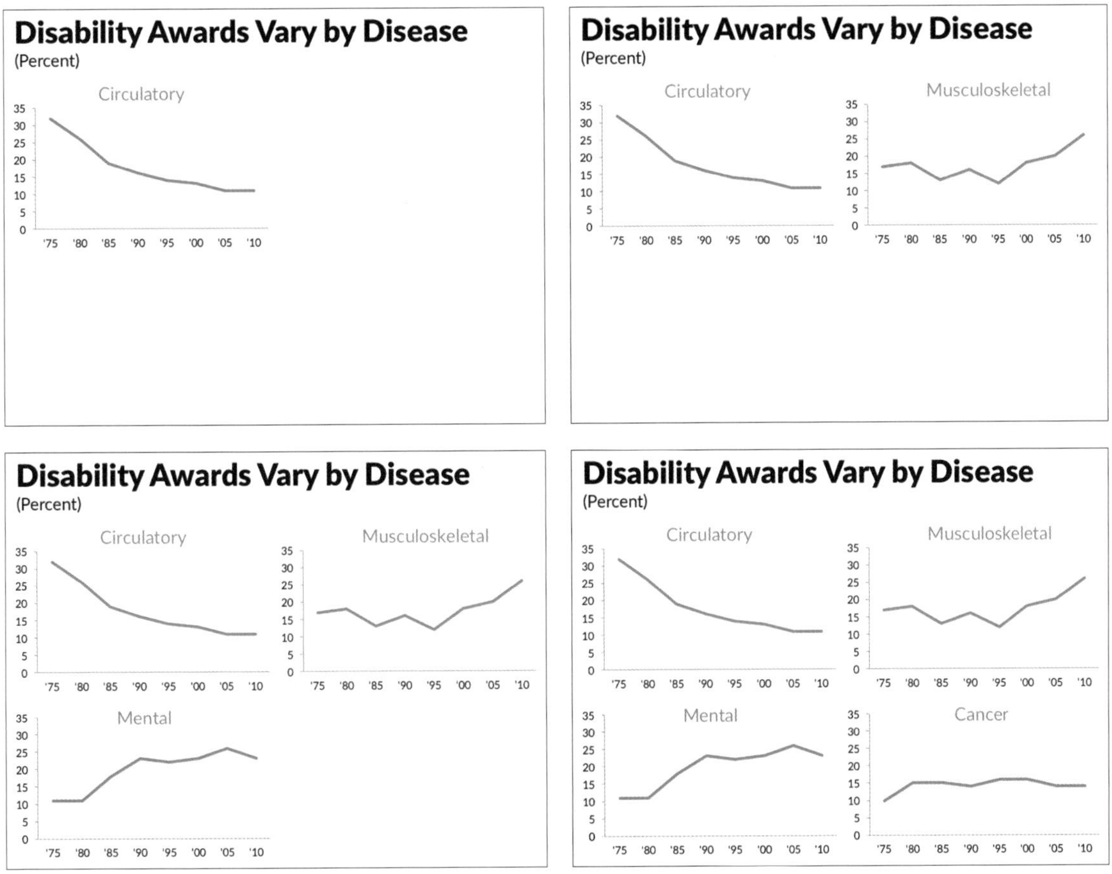

図5.13　スモールマルチプルを使ってグラフをレイヤー化する

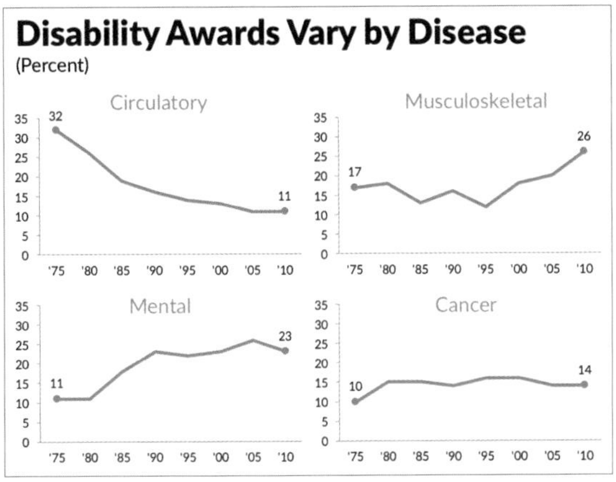

図5.14　データ値をスモールマルチプルに追加する

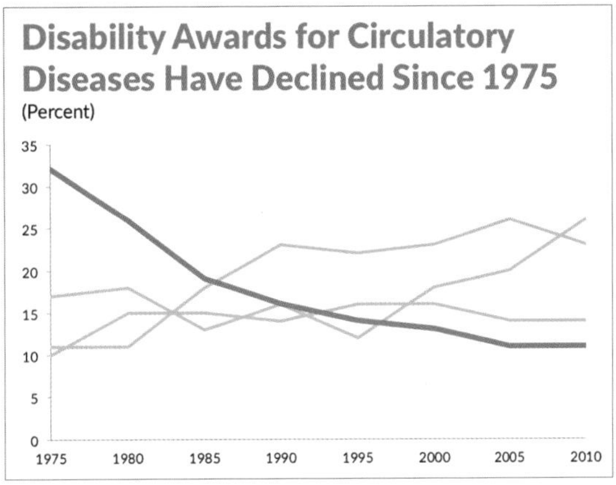

図5.15　ひとつのデータ系列のみを強調し、スライドの見出しに結びつける

5.13)。スモールマルチプルというのは、もとのグラフの縮小版をいくつも並べたもので、プレゼンテーションでは、このスモールマルチプルにレイヤー化アプローチを組み込むこともできる。縮小版のグラフを順次追加していけばいいのだ。私がスモールマルチプルを使う場合は（グラフは Excel か PowerPoint のどちらかで作成する）、最後のグラフからつくり始めることが多い（異なるデータ系列を削除し始めると、ソフトウェアが勝手に軸を変更してしまう可能性があるので、y 軸の最小値と最大値が固定されていることをかならず確認すること）。PowerPoint でグラフを整列させるには、［書式］メニューを使ってグラフの高さと幅を設定し、次に［配置］メニューを使ってスライド上にグラフをいっせいに整列させると簡単にできる。

凡例を統合し、グラフを分割することによって得られたスライドの空きスペースを使って、データ値を追加することもできる（**図 5.14**）。スライドに新たなテキスト（数字）が追加されることになるが、特定の値に言及する予定なら、そのほうが聴衆に印象づけられるし、発表者の助けにもなるだろう（つまり、記憶やメモに頼る必要がなくなる）。

たとえば、グラフにたがいに平行に伸びる複数の線が表示されているだけの場合など、パターンがあまりにも単純で、いちいち各系列の説明をしなくても聴衆が理解できると思ったら、グラフをまったく分割しない（レイヤー化しない）ことにしてもいいかもしれない。その場合は、聴衆が基本的なパターンを把握できるように、少し間を空けてから話し始めたほうがいいだろう。重要なのは、グラフに情報を詰め込みすぎないということだ。情報が多すぎると、聴衆はある系列の意味を抽出したり、全体的な結論を引き出したりするのが難しくなる。ひとつのデータ系列だけに注目したい場合は、その線をハイライトし、説明的で生き生きしたタイトルをつけ加えること（**図 5.15**）。そうすれば、聴衆の注意を引くことができる。その後は、残りの系列についてはくわしく説明せずに、簡単にそれぞれの線が何を表しているのかに触れておけばいい。

基本グラフのデザイン：散布図

散布図（scatterplot）のような複雑なグラフにも同じテクニックが使える。この散布図——私は親しみをこめて不用品図（clutterplot）と呼んでいる——は、論文や学会発表で定期的に目にするグラフだ。この種のスライドは、Stata 統計パッケージをデフォルト設定（レイアウト、フォント、ラベルなど）のまま使用して作成されたものが多く、データやエビデンスの効果的な提示の仕方については、ほとんど考慮されていない。

図 5.16 の散布図を使って、5 つの国々（日本、ノルウェー、ロシア、スイス、

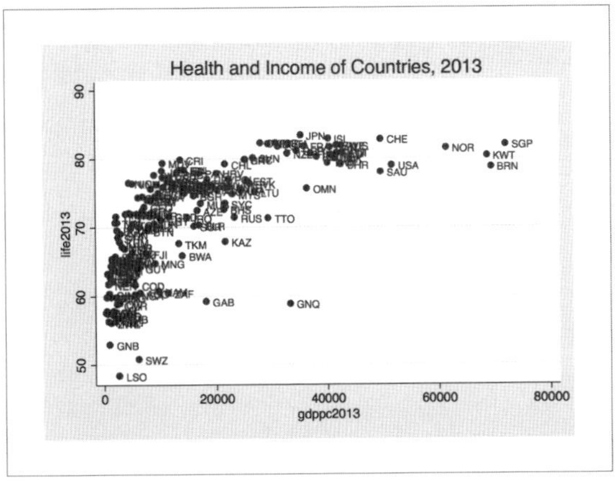

図5.16　1人当たり国内総生産と平均寿命の関係を示す散布図

デフォルト設定のStataで作成。Gapminder, 2016[31]のデータにもとづく。

米国）における1人当たり国内総生産（GDP）と平均寿命との関係について論じているとしよう。これら5ヵ国の3文字国コード（JPN、NOR、RUS、SWZ、USA）をご存知の方には敬意を表するが、たとえ知っていたとしても、大量のラベルやドットのなかからそれらを見つけるのは至難の業だ。こんなグラフは、たとえ論文に載せられたものであっても、解読が難しいだろう。プレゼンテーションでは、ほぼ不可能だ。見やすいグラフを作成するには、集中・可視化・統一の指針にしたがうことが重要になる。

まずは、集中させること。特定の5ヵ国を強調し、それ以外の国を目立たなくするように可視化すれば、どれほどポイントが明確になるかがはっきりわかるだろう。次に、聴衆にとって重要なデータを可視化すること。**図5.17**では別の色（緑）を使って強調してみた。最後に、カラーパレットとフォントをグラフ以外の要素と調和するように変更し、外観に統一感を与えること。テキストとグラフに共通のフォントを使うと、全体的な議論の一貫性を印象づけるのに役立つ。最後に、すべてのテキストが十分読みやすいかどうかを確認しておこう。謎めいた略語をきちんとした名称に変更し、できるかぎり縦書きは避けること。

データの表示を単純かつ明快なものに変更し終わったら、目的に見合った見出しを考えてみよう。目的がたんにこの情報を共有することや、分析に使われている標本について話すことであれば、図5.17左のように中立的な見出しにするのも悪くないだろう。けれども、もっと具体的な目的がある場合、たとえば、その他の国々に対する米国の地位を論じる場合は、図5.17右のように生き生きしたタイトルを使って、特定のポイントや議論の支えとしてもいいだろう。

もちろん聴衆のなかには、特定の国を見つけようとしたり、さまざまな異常値を発見しようとする人もいるかもしれない。そういう人には、

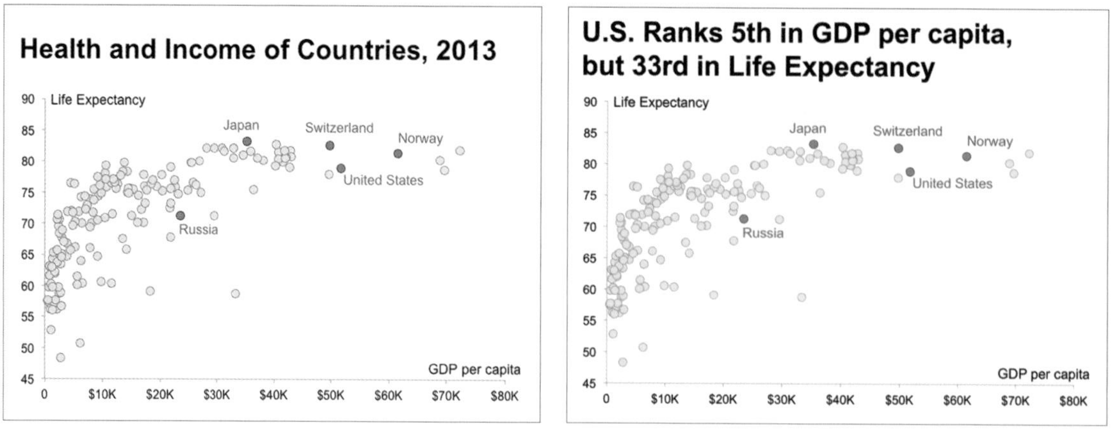

図5.17　中立的（左）または生き生きしたタイトル（右）を使って重要な国々に注意を集中させる
スライドのタイトルは左が「各国の健康と所得（2013年）」、右が「米国の1人当たりのGDPは5位だが、平均寿命は33位」。

たんにもとの論文またはデータセットを参照してもらえばよいだろう。この種のグラフを表示する目的は、特定のデータポイントを比較することにある。だから、そのポイントを視覚的に強調しておく必要がある。すべてのデータをスライドに記載し、特定のデータポイントを聴衆にしらみつぶしに探させるような時間は、プレゼンにはないのだ。

基本グラフのデザイン：円グラフ

線グラフと散布図の次は、円グラフだ。円グラフの有効性は、データ可視化の分野でも論争の的になっている（この節の説明は、スティーヴン・フューの論文「Save the Pies for Dessert〔パイはデザートに取っておけ〕」[25]によるところが大きい）。多くの人は円グラフが大好きだ――円グラフはよく知られており、理解しやすく、「部分対全体」の関係を明白に示している。一方で円グラフは、スライス（セグメント）の面積やスライスによって形成される角度――人間の視覚はこれらにきちんと対応していない――を使って比較をしなくてはいけないので、情報を伝達するには有効な方法ではないと主張する人も多い。ドーナツグラフ（中心部分がない円グラフ）は、事態をさらに悪化させる。中心がないので、聴衆は角度を推定しなければならない。端と端とが接する中心を見ることができないために、部分対全体に関する別の定性的判断を迫られるわけだ。（ロバート・コサラとドリュー・スカウによる最近の研究[45][68]によれば、円グラフやドーナツグラフのスライスの量は角度ではなく、面積または円弧の長さで認識される。）

直角（90度）を形成する円グラフのスライス、つまり4分の1の増分を形成するスライスは、私たちの目にもっともなじみのあるスライスだ。ほかの角度は、識別がはるかに難しい。たとえば、**図5.18**左の円グラ

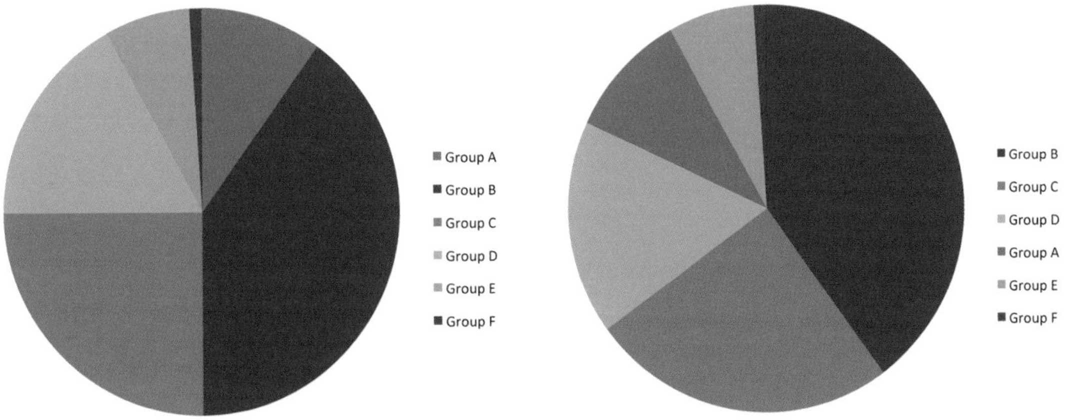

図5.18　円グラフの値の認識は、スライスの向きによって変わる

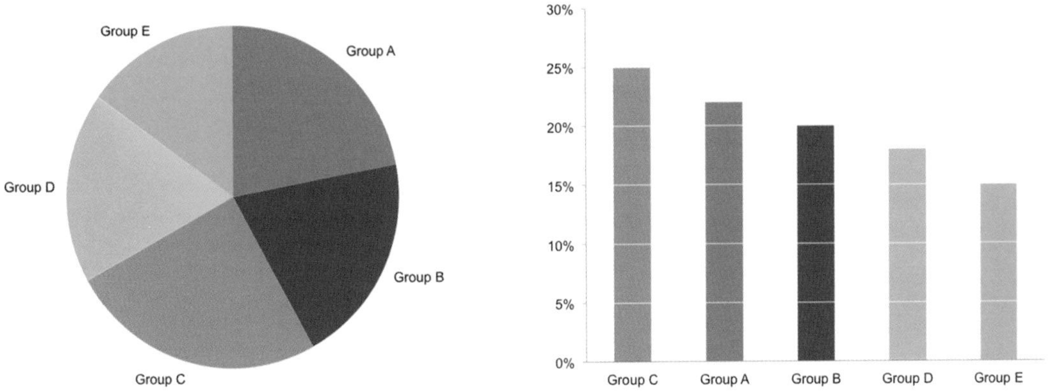

図5.19　データを縦棒グラフにすると、数値の順位づけがしやすくなる

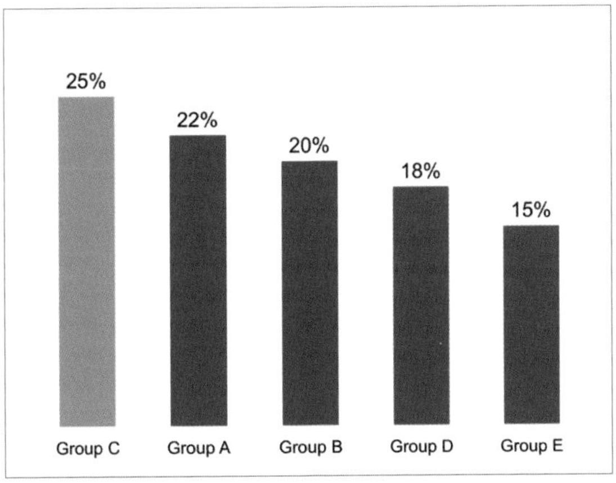

図5.20　縦棒グラフを使うとカラーパレットがシンプルになる

フのグループCは、全体の約25%であると簡単に識別できる。しかし、これを図5.18右の円グラフのように、12時を起点にして面積の大きさ順にスライスを並べ替えると、グループCの値はそれほど簡単には把握できなくなる。この例では、ひとつの小さな変化が人間の情報認識を

変えてしまったわけだ。

似たようなデータ値がある円グラフは、ことのほか厄介だ。**図 5.19** の円グラフの5つのスライスを大きい順に順位づけすることがどれほど難しいか考えてみるといい。この場合、データを棒グラフで表せば、はるかに楽になる。

棒グラフはまた､複数の色を必要としない。ひとつの色で十分なのだ。つまり、スクリーンを見ている聴衆にとっては、考慮すべき次元の数が減ることになる。さらに、デザインする側にとっても、ひとつの色しか必要ないので、つくるのが簡単だ。これは、柔軟な色使いができるということでもあって、聴衆の注意を特定の数値に集中させるためにさまざまな方法が使えるようになる（**図 5.20**）。

ひとつの円グラフから情報を読み取るだけでもたいへんだが、これが2つの円グラフになると、いっそう難しくなる。社会保障局（Social Security Administration）のデータにもとづく**図 5.21** を検討しよう。聴衆はこの図において、それぞれのグラフ内でいくつものスライスを比較するだけでなく、グラフ間でも同じスライスどうしを比較するという難事を課せられる。また、1962 年の円グラフ（左図）には、12 時の位置に、ラベルのない小さな切れ目が残っていることにも注意しよう。円グラフはつねに合計が 100%でなければならない。デザインし直したグラフ(**図 5.22**）では、不足している 2%を「その他（Other)」のカテゴリーに追加しておいた。

図 5.22 のように、円グラフのペアの代わりに縦棒グラフのペアを使うのもひとつの手だ。データラベルのないグラフ（右図）でも、2 つの年のシェアの変化を簡単に確認できることに注目しよう。生き生きした見出しと社会保障（Social Security）カテゴリーの黄色（オレンジ）が、スライドのメッセージをひとつにしている。部分対全体の比較が気になるなら、グラフのタイトルになんらかの説明的記述を入れてもいいし、たんに口頭で､数値は全体における割合だ､と言うだけでもいい。あるいは、**図 5.23** のように積み上げ横棒（または縦棒）グラフを使うこともできる。

スロープグラフも、ペアの円グラフの代わりに使える。これは、基本的に2つのカテゴリーが別々の垂直軸上にある線グラフだ（**図 5.24** の例では、1962 年が左側の軸、2009 年が右側の軸）。スロープグラフは、異なる系列の値の変化を強調するのに便利だ。ここでは、色を使って、時間の経過とともに増加したカテゴリー（青）と減少したカテゴリー（オレンジ）を識別しやすくしてみた。このグラフには数字がないことにも注意してほしい。発表者が、正確な数字よりも、ある系列が時間とともにどのように変化したかを示すことに関心がある場合は、このアプローチが適している。具体的な値を示す必要があるなら、その数字をわざわざスライドに記入しなくても、口頭で言えばいいだけだ。話す予定の内容をひとつ残らずスライドに記載する必要はない。

人間の目と脳は、円グラフのスライスよりも、横棒や縦棒によって表される長さや高さに慣れている。棒グラフは、絶対量とグループ間の相対的差異の両方をわかりやすく示せる。円グラフでも、スライスにラベルをつければ正確な値を示せるが、ラベルを見やすくしようとすると、今度は、データを視覚的に表現するという円グラフ本来の目的が危うくなる。

COLUMN 13 ExcelのグラフをPowerPointに挿入する

Excelで作成したグラフをPowerPointに貼り付けるには、おもに画像として貼り付ける方法とオブジェクトとして貼り付ける方法の2種類がある。Excelのグラフを画像として挿入すると、ぼやけたり、ゆがんだりして見えることがある。これを避けるために、私は、Windowsでは「EMF(Enhanced MetaFile)」フォーマット、Macでは「PDF」フォーマットを使っている。これらのフォーマットを使えば、多くの場合、スライド上に高品質の画像が生成される。また、Excelのグラフをスライドと同じサイズにしておくと便利だ。そうしておけば、PowerPointに貼り付けるときに、サイズを変更したり引き伸ばしたりしなくてもいいので、画質の低下を気にせずにすむ。

Excelのグラフをコピーして、PowerPointに貼り付けることもできる。この場合、グラフはオブジェクトとして表示される。この方法の利点は、画質が劣化しないのでスライド上のグラフが鮮明に見え、線や棒、データマーカーといった個々の要素の書式を設定できることだ（さらに、PowerPointの［アニメーション］ツールを使えば、それらの要素を動かすこともできる）。この方法の欠点は、ファイルを受け取った人なら誰でも、グラフやデータを閲覧・編集できてしまうことだ。ひとつのプレゼン資料を使って共同作業をしている場合は都合がいいが、他人に見られたくないデータや編集されたくないデータがある場合は問題だ。この戦略はまた、もとのExcelファイルを保存していない場合や、ExcelまたはPowerPointファイルを別の場所やパソコンに移動した場合には、裏目に出るおそれがある。PowerPointは自動的にもとのファイルを探すようになっていて、見つからなければ、グラフが空白になるおそれがある。そのため、この方法を使う場合は、かならずファイルをひとまとめにしておくこと。ファイルを別のパソコンに転送する必要がある場合は、とくに注意が必要だ。

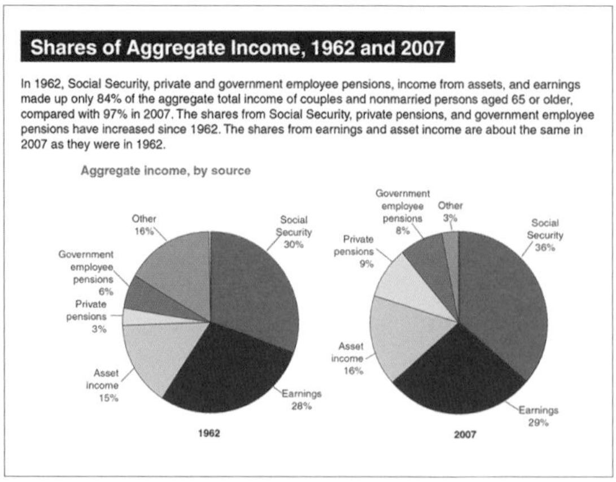

図5.21　円グラフのペア

（出典：Social Security Administration〔社会保障局〕, 2011[69]）

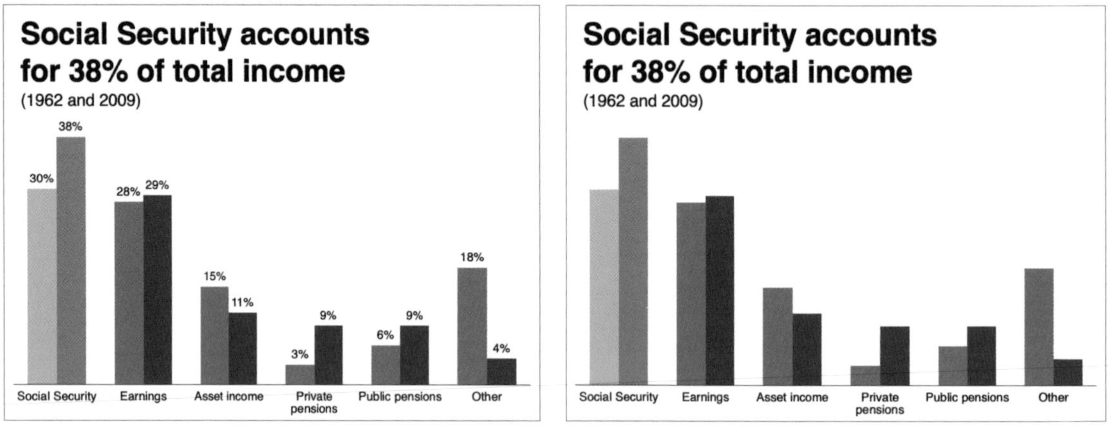

図5.22　縦棒グラフのペアは円グラフのペアに代わるすぐれた方法だ

ラベルを入れるかどうかは、データとメッセージによって異なる。

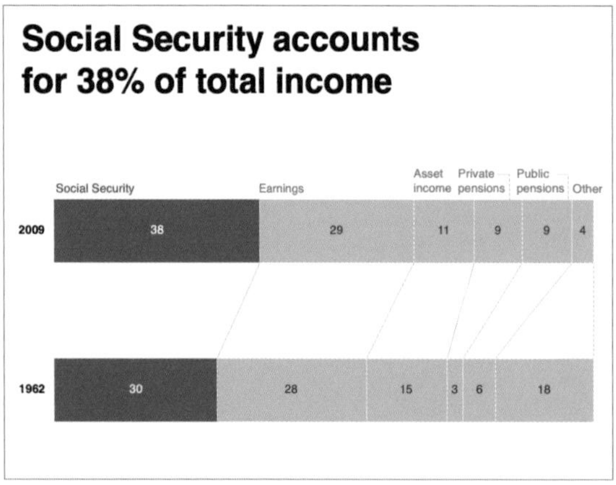

図5.23　積み上げ棒グラフのペアも円グラフのペアの代わりになる

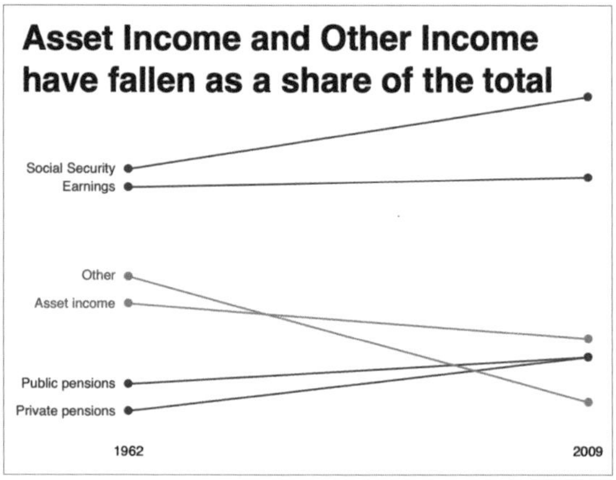

図5.24　スロープグラフも円グラフのペアの代わりになる

基本グラフのデザイン：3Dグラフ

3Dグラフについて言いたいことはひとつしかない。それは、この種のグラフは使うなということだ。残念なことに、ソフトウェアの多くには、できの悪いデータ可視化機能しか備わっていない。今ではすっかりおなじみの3D効果だが、これほど的外れなものもないだろう。見た目はいいかもしれないが、3つ目の次元はデータ値をプロットしないので、余計な情報が増えるだけで、データがゆがむことも多い。

円グラフを縦棒グラフに変更すると、量を識別しやすくなったことを思い出そう。**図5.25**左では、縦棒グラフに修正を加え、3D効果を追加してみた。グループBの20%の縦棒をよく見ると、棒のどの部分も20%のグリッド線に触れていない。2D表示のグラフ（図5.25右）にもグリッド線をつけておいたので、2Dではデータがどれほど正確に表示されているかがわかるだろう。ほとんどのソフトウェアの3D効果は、遠近法を使って、グリッド線と交差する縦棒の最上部を横切る仮想平面に

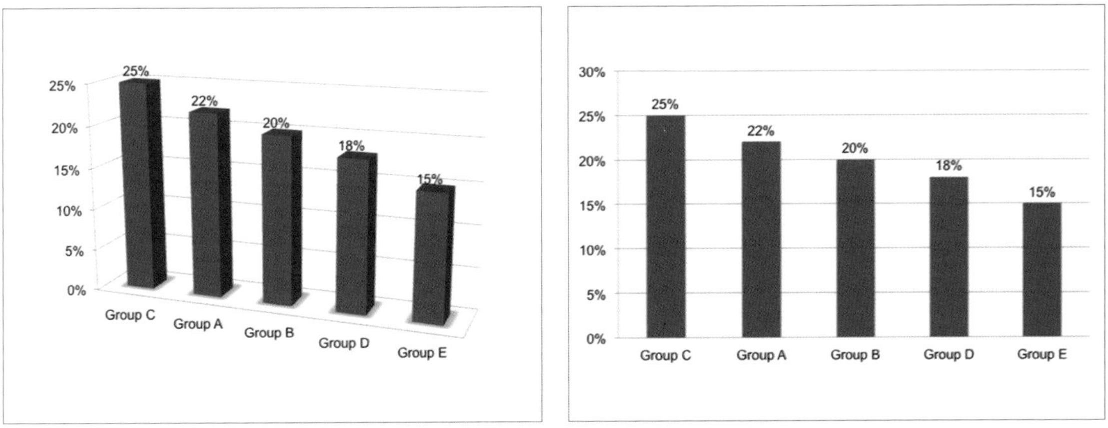

図5.25　3Dを追加すると、データ表示がゆがむことが多い

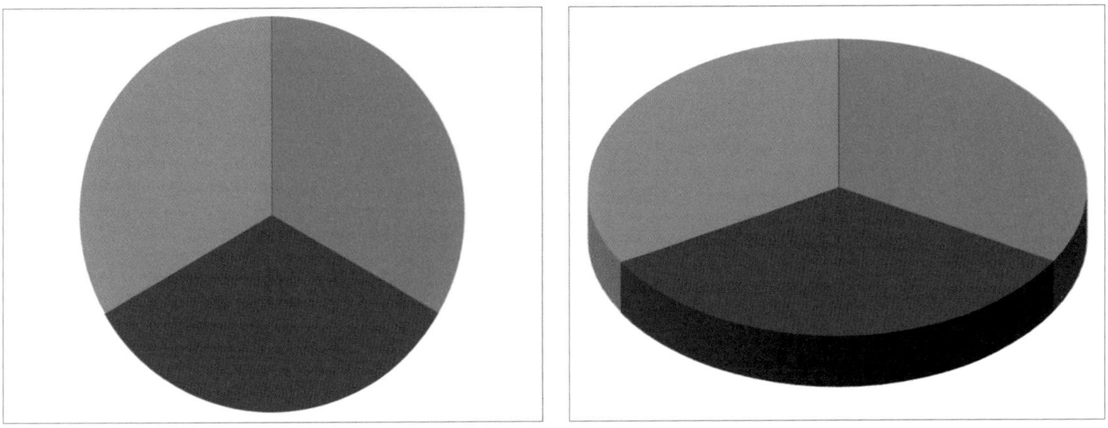

図5.26　3D円グラフ（右）の手前のスライスは、他のスライスよりも大きく見える

奥行きを与える仕組みになっている。そのため、縦棒ラベルには20%と表示されているが、聴衆がこの棒をぱっと見ると、20%より小さく見えてしまうことになる。

円グラフに3D効果を加えた場合も（**図5.26**右）、同様のゆがみが生じる。円グラフの2D表示では（図5.26左）、円の各スライスが画面の3分の1ずつを占めている。このグラフを3D表示にすると、手前のスライスがスライドの大半を占めてしまい、そのせいでデータの表示がゆがんでしまう。

表スライド

すでに述べたように、情報がビジュアルとして提示されると、聴衆はその情報を認識しやすくなるし、思い出しやすくもなる。とはいえ、数字や分析結果がぎっしり詰まった表を提示したい場合もあるだろう。細心の注意を払って使用すれば、表もプレゼンテーションに役立つ可能性がある。ただし、忘れてはならないのは、スクリーンに示された数字やオブジェクトや図形はすべて、聴衆が発表者の話をそっちのけにして処理しようとする、ということだ。

記述統計量、要約統計量、回帰結果について考えてみよう。ほとんどの研究者はこれらを表の形で提示するのに慣れている。たしかに、論文に載せる分析結果を準備しているときには、これが最良の方法であることが多い。しかし、論文から抜き出した40行10列の回帰表を、50人の聴衆が見ているスクリーンに映しても、おそらく不明瞭にしか見えないだろう（**図5.27**）。表の目的は実際の値を詳細に示すことにあるので、プレゼンでは、たいていの表は使いものにならない。

本書でおなじみの解決法——しばらく何も言わずに立っていて、そのあいだに聴衆に情報を吸収してもらう方法や、レイヤー化してスライドごとに列を重ねていく方法——でさえ、この場合はまったく歯が立たない。実際、行ごとそして列ごとに表をたどり、発表者の議論に関連する情報を抽出していくなどという作業を、はたして聴衆にこなせるだろうか。資料として配布することもできるが、おそらく、聴衆が多い場合や、発表内容に関する聴衆の知識レベルが混在している場合はうまくいかないだろう。

テキストやグラフに適用したレイヤー化アプローチはどうだろうか。このテクニックをここで適用するとすれば、図5.27の表を4枚のスライドに分割することになるだろう（**図5.28**）。見てのとおり、これではまるで役に立たない。聴衆が理解するには、まだまだ情報が多すぎる。

Table 5. Ordinary Least Squares Regression Results

	Model 1	Model 2	Model 3	Model 4
Age	-0.0431	-0.0119	-0.0207	0.0145
	[0.0216]*	[0.006]*	[0.0104]*	[0.0073]*
Gender	-0.0321	0.0138	-0.0254	0.0425
	[0.0268]	[0.0115]	[0.0212]	[0.0213]*
Experience	-0.0285	0.0265	-0.0387	0.0332
	[0.0095]***	[0.0133]**	[0.0194]**	[0.0166]*
Earnings	-0.0113	0.0287	-0.0420	0.0281
	[0.0038]***	[0.0096]***	[0.014]***	[0.021]
High School Graduate	0.0003	0.0043*	-0.0030	0.0133
	[0.0051]	[0.0026]	[0.0024]	[0.0191]
Some College	-0.0191***	-0.0066***	-0.0069***	-0.0158
	[0.0053]	[0.0025]	[0.0027]	[0.0185]
College Graduate	-0.0194***	-0.0091***	-0.0043	0.0073
	[0.0070]	[0.0033]	[0.0035]	[0.0242]
Race	0.0162***	0.0092***	0.0024	0.0238
	[0.0050]	[0.0023]	[0.0025]	[0.0154]
Ethnicity	-0.0179***	-0.0002	-0.0125***	-0.0149
	[0.0046]	[0.0022]	[0.0024]	[0.0170]
Region	0.0234***	0.0082**	0.0069*	-0.0202
	[0.0075]	[0.0037]	[0.0037]	[0.0260]
Own Home	-0.0048	-0.0023	-0.0013	-0.0218
	[0.0067]	[0.0033]	[0.0032]	[0.0215]
Smoker	-0.0058	-0.0036	0.0001	-0.0291
	[0.0050]	[0.0024]	[0.0026]	[0.0181]
Married	0.0122**	0.0053**	0.0029	0.0429**
	[0.0053]	[0.0024]	[0.0029]	[0.0173]
Widowed	-0.0285***	-0.0189***	-0.0022	-0.0397**
	[0.0060]	[0.0034]	[0.0028]	[0.0201]
Number of Children	-0.0019	0.0008	-0.0034	0.0088
	[0.0078]	[0.0036]	[0.0041]	[0.0256]
Social Security Income	-0.0120	-0.0278***	0.0004	-0.0238
	[0.0082]	[0.0066]	[0.0032]	[0.0270]
Disability Income	-0.0257***	-0.0170***	-0.0062**	-0.0491**
	[0.0068]	[0.0041]	[0.0030]	[0.0231]
Veteran Status	-0.0058	-0.0049***	0.0012	-0.0111
	[0.0039]	[0.0019]	[0.0020]	[0.0134]
Number of Observations	24,228	24,228	24,228	4,046

Source: Author's calculations based on census data.
* significant at the 10% level, ** significant at the 5% level, *** significant at the 1% level

図5.27　回帰係数がびっしり書き込まれた典型的な表スライド

実際の結果ではない。

詳細な情報を効果的に提示するには、表をゼロから見直す必要がある。聴衆に分析結果の意義と重要性を（研究に対する彼らの理解や認識を片寄らせることなく）わかってもらうのに、どの数字が役立つかをじっくり考えて、それを提示すればいいのだ。聴衆に伝えようとしている一連の分析結果に、話の中心ではない推定値（たとえば、回帰モデルの月ごとのダミー変数）が含まれている場合は、それをスライドから除外しよう。プレゼン全体の見出しと同じく、詳細データの見出しメッセージを練り上げ、それを提示する最良の方法を考え出そう。

巨大な表の代案としては、**図5.29**のスライドのように、重要な変数（研究内容、ストーリー、結論をもっともよく伝える変数）のみを表示するという手がある。

重要な情報だけに絞ってもなお、この表には、本書で示したガイドラインにそぐわない点がいくつか残っている。たとえば、テキストを部屋の後方にいる聴衆が十分に読める文字サイズにすることや、スライドをすっきりさせて聴衆の集中力を高めること、などだ。さらに、丸カッコや角カッコ、アスタリスクが組み合わさると、聴衆は重要な情報に焦点

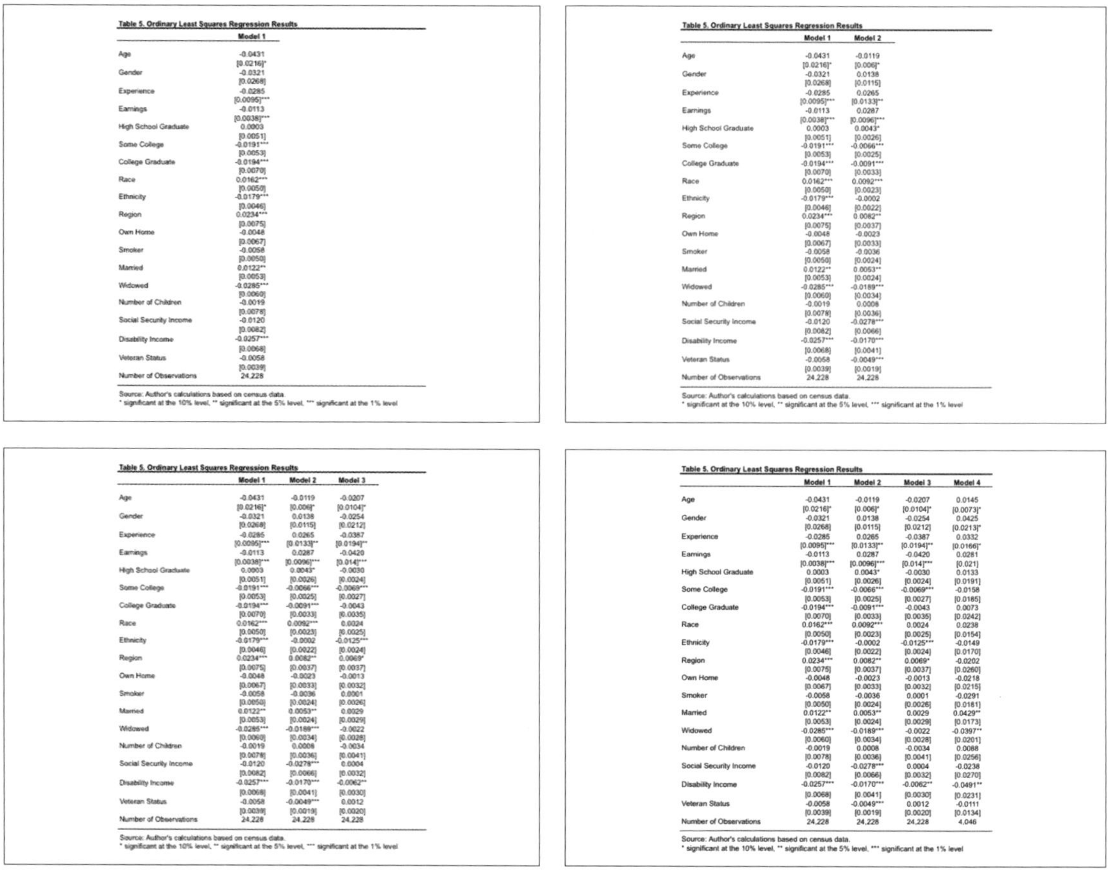

Table 5. Ordinary Least Squares Regression Results

	Model 1
Age	-0.0431
	[0.0216]*
Gender	-0.0321
	[0.0268]
Experience	-0.0285
	[0.0095]***
Earnings	-0.0113
	[0.0038]***
High School Graduate	0.0003
	[0.0051]
Some College	-0.0191***
	[0.0053]
College Graduate	-0.0194***
	[0.0070]
Race	0.0162***
	[0.0050]
Ethnicity	-0.0179***
	[0.0046]
Region	0.0234***
	[0.0075]
Own Home	-0.0048
	[0.0067]
Smoker	-0.0058
	[0.0050]
Married	0.0122**
	[0.0053]
Widowed	-0.0285***
	[0.0060]
Number of Children	-0.0019
	[0.0078]
Social Security Income	-0.0120
	[0.0082]
Disability Income	-0.0257***
	[0.0068]
Veteran Status	-0.0058
	[0.0039]
Number of Observations	24,228

Source: Author's calculations based on census data.
* significant at the 10% level, ** significant at the 5% level, *** significant at the 1% level

Table 5. Ordinary Least Squares Regression Results

	Model 1	Model 2
Age	-0.0431	-0.0119
	[0.0216]*	[0.006]*
Gender	-0.0321	0.0138
	[0.0268]	[0.0115]
Experience	-0.0285	0.0265
	[0.0095]***	[0.0133]**
Earnings	-0.0113	0.0287
	[0.0038]***	[0.0096]***
High School Graduate	0.0003	0.0043*
	[0.0051]	[0.0026]
Some College	-0.0191***	-0.0066***
	[0.0053]	[0.0025]
College Graduate	-0.0194***	-0.0091***
	[0.0070]	[0.0033]
Race	0.0162***	0.0092***
	[0.0050]	[0.0023]
Ethnicity	-0.0179***	-0.0002
	[0.0046]	[0.0022]
Region	0.0234***	0.0082**
	[0.0075]	[0.0037]
Own Home	-0.0048	-0.0023
	[0.0067]	[0.0033]
Smoker	-0.0058	-0.0036
	[0.0050]	[0.0024]
Married	0.0122**	0.0053**
	[0.0053]	[0.0024]
Widowed	-0.0285***	-0.0189***
	[0.0060]	[0.0034]
Number of Children	-0.0019	0.0008
	[0.0078]	[0.0036]
Social Security Income	-0.0120	-0.0278***
	[0.0082]	[0.0066]
Disability Income	-0.0257***	-0.0170***
	[0.0068]	[0.0041]
Veteran Status	-0.0058	-0.0049***
	[0.0039]	[0.0019]
Number of Observations	24,228	24,228

Source: Author's calculations based on census data.
* significant at the 10% level, ** significant at the 5% level, *** significant at the 1% level

Table 5. Ordinary Least Squares Regression Results

	Model 1	Model 2	Model 3
Age	-0.0431	-0.0119	-0.0207
	[0.0216]*	[0.006]*	[0.0104]*
Gender	-0.0321	0.0138	-0.0254
	[0.0268]	[0.0115]	[0.0212]
Experience	-0.0285	0.0265	-0.0387
	[0.0095]***	[0.0133]**	[0.0194]**
Earnings	-0.0113	0.0287	-0.0420
	[0.0038]***	[0.0096]***	[0.014]***
High School Graduate	0.0003	0.0043*	-0.0030
	[0.0051]	[0.0026]	[0.0024]
Some College	-0.0191***	-0.0066***	-0.0069***
	[0.0053]	[0.0025]	[0.0027]
College Graduate	-0.0194***	-0.0091***	-0.0043
	[0.0070]	[0.0033]	[0.0035]
Race	0.0162***	0.0092***	0.0024
	[0.0050]	[0.0023]	[0.0025]
Ethnicity	-0.0179***	-0.0002	-0.0125***
	[0.0046]	[0.0022]	[0.0024]
Region	0.0234***	0.0082**	0.0069*
	[0.0075]	[0.0037]	[0.0037]
Own Home	-0.0048	-0.0023	-0.0013
	[0.0067]	[0.0033]	[0.0032]
Smoker	-0.0058	-0.0036	0.0001
	[0.0050]	[0.0024]	[0.0026]
Married	0.0122**	0.0053**	0.0029
	[0.0053]	[0.0024]	[0.0029]
Widowed	-0.0285***	-0.0189***	-0.0022
	[0.0060]	[0.0034]	[0.0028]
Number of Children	-0.0019	0.0008	-0.0034
	[0.0078]	[0.0036]	[0.0041]
Social Security Income	-0.0120	-0.0278***	0.0004
	[0.0082]	[0.0066]	[0.0032]
Disability Income	-0.0257***	-0.0170***	-0.0062**
	[0.0068]	[0.0041]	[0.0030]
Veteran Status	-0.0058	-0.0049***	0.0012
	[0.0039]	[0.0019]	[0.0020]
Number of Observations	24,228	24,228	24,228

Source: Author's calculations based on census data.
* significant at the 10% level, ** significant at the 5% level, *** significant at the 1% level

Table 5. Ordinary Least Squares Regression Results

	Model 1	Model 2	Model 3	Model 4
Age	-0.0431	-0.0119	-0.0207	0.0145
	[0.0216]*	[0.006]*	[0.0104]*	[0.0073]*
Gender	-0.0321	0.0138	-0.0254	0.0425
	[0.0268]	[0.0115]	[0.0212]	[0.0213]*
Experience	-0.0285	0.0265	-0.0387	0.0332
	[0.0095]***	[0.0133]**	[0.0194]**	[0.0166]*
Earnings	-0.0113	0.0287	-0.0420	0.0281
	[0.0038]***	[0.0096]***	[0.014]***	[0.021]
High School Graduate	0.0003	0.0043*	-0.0030	0.0133
	[0.0051]	[0.0026]	[0.0024]	[0.0191]
Some College	-0.0191***	-0.0066***	-0.0069***	-0.0158
	[0.0053]	[0.0025]	[0.0027]	[0.0185]
College Graduate	-0.0194***	-0.0091***	-0.0043	0.0073
	[0.0070]	[0.0033]	[0.0035]	[0.0242]
Race	0.0162***	0.0092***	0.0024	0.0238
	[0.0050]	[0.0023]	[0.0025]	[0.0154]
Ethnicity	-0.0179***	-0.0002	-0.0125***	-0.0149
	[0.0046]	[0.0022]	[0.0024]	[0.0170]
Region	0.0234***	0.0082**	0.0069*	-0.0202
	[0.0075]	[0.0037]	[0.0037]	[0.0260]
Own Home	-0.0048	-0.0023	-0.0013	-0.0218
	[0.0067]	[0.0033]	[0.0032]	[0.0215]
Smoker	-0.0058	-0.0036	0.0001	-0.0291
	[0.0050]	[0.0024]	[0.0026]	[0.0181]
Married	0.0122**	0.0053**	0.0029	0.0429**
	[0.0053]	[0.0024]	[0.0029]	[0.0173]
Widowed	-0.0285***	-0.0189***	-0.0022	-0.0397**
	[0.0060]	[0.0034]	[0.0028]	[0.0201]
Number of Children	-0.0019	0.0008	-0.0034	0.0088
	[0.0078]	[0.0036]	[0.0041]	[0.0256]
Social Security Income	-0.0120	-0.0278***	0.0004	-0.0238
	[0.0082]	[0.0066]	[0.0032]	[0.0270]
Disability Income	-0.0257***	-0.0170***	-0.0062**	-0.0491**
	[0.0068]	[0.0041]	[0.0030]	[0.0231]
Veteran Status	-0.0058	-0.0049***	0.0012	-0.0111
	[0.0039]	[0.0019]	[0.0020]	[0.0134]
Number of Observations	24,228	24,228	24,228	4,046

Source: Author's calculations based on census data.
* significant at the 10% level, ** significant at the 5% level, *** significant at the 1% level

図5.28　典型的な回帰係数の表をレイヤー化する

「中途半端な」アプローチ。

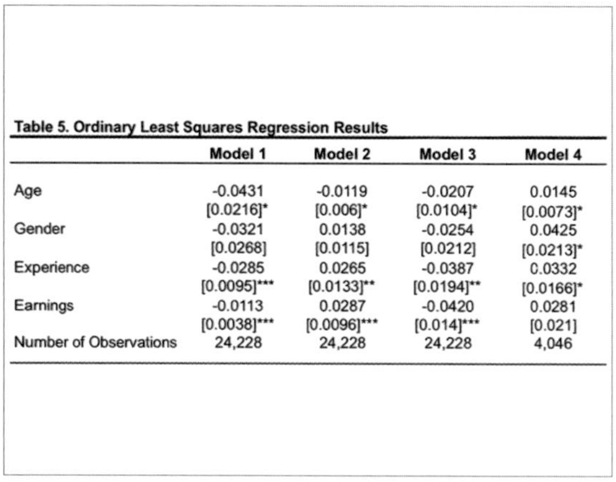

Table 5. Ordinary Least Squares Regression Results

	Model 1	Model 2	Model 3	Model 4
Age	-0.0431	-0.0119	-0.0207	0.0145
	[0.0216]*	[0.006]*	[0.0104]*	[0.0073]*
Gender	-0.0321	0.0138	-0.0254	0.0425
	[0.0268]	[0.0115]	[0.0212]	[0.0213]*
Experience	-0.0285	0.0265	-0.0387	0.0332
	[0.0095]***	[0.0133]**	[0.0194]**	[0.0166]*
Earnings	-0.0113	0.0287	-0.0420	0.0281
	[0.0038]***	[0.0096]***	[0.014]***	[0.021]
Number of Observations	24,228	24,228	24,228	4,046

図5.29　表の行を減らして、重要な数字に焦点を合わせる

を合わせるのが困難になる。

テキストスライドと同様に、表スライドも不用品をなくし、階層構造をもたせるべきだ（**図5.30**）。列や行の見出しを太字のフォントを使ったり色を変えたりして強調し、それらを表の「タイトル」とみなすわけ

Regression Results

	Model 1	Model 2	Model 3	Model 4
Age	-0.0431*	-0.0119*	-0.0207	0.0145
Gender	-0.0321	0.0138	-0.0254	0.0425*
Experience	-0.0285***	0.0265**	-0.0387**	0.0332*
Earnings	-0.0113***	0.0287***	-0.0420***	0.0281*
No. of Obs.	24,228	24,228	24,228	24,228

Regression Results

	Model 1	Model 2	Model 3	Model 4
Age	-0.0431	-0.0119	-0.0207	0.0145
Gender	-0.032	0.0138	-0.0254	0.0425
Experience	-0.0285	0.0265	-0.0387	0.0332
Earnings	-0.0113	0.0287	-0.0420	0.0281
No. of Obs.	24,228	24,228	24,228	24,228

図5.30　表をデザインし直し、もっとも重要な数字に集中しやすくする。
色を使えば、統計的に有意な値を強調できる。

だ。また、行と列の配置がすべてそろっているかを忘れずに確認しておくこと。各セルのデータは、垂直方向は中央揃《ぞろ》えにするのが私の好みだが、水平方向の配置はデータの種類によって異なる。たとえば、小数点の位置をそろえておけば、聴衆は視線をあちこち動かさなくてもすむだろう。数値を丸められる場合はそうすべきだ。かならずしもすべての統計や結果が小数点第 3 位まで正確である必要はない。また、図 5.30 右のスライドのように色を使って、とくに興味深い結果を強調したり、統計的有意性を示したりもできる。この例では、口頭で「この表のいちばん濃い色のセルは、統計的に 1% レベルで有意なデータです」とだけ言えば、聴衆に標準誤差を読み取らせたり、スライドのすべての要素を順にたどらせたりしなくてすむ。また、ソフトウェアの初期設定の色をそのまま使うのではなく、自分独自のカラーパレットの色を使って、プレゼン資料の色を美的に統一することも忘れないでおこう。

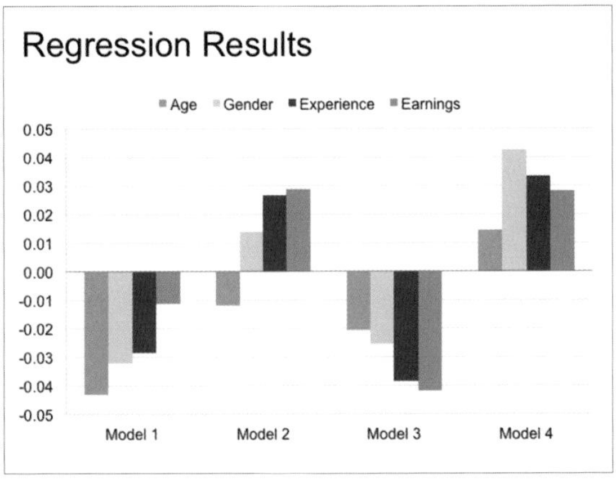

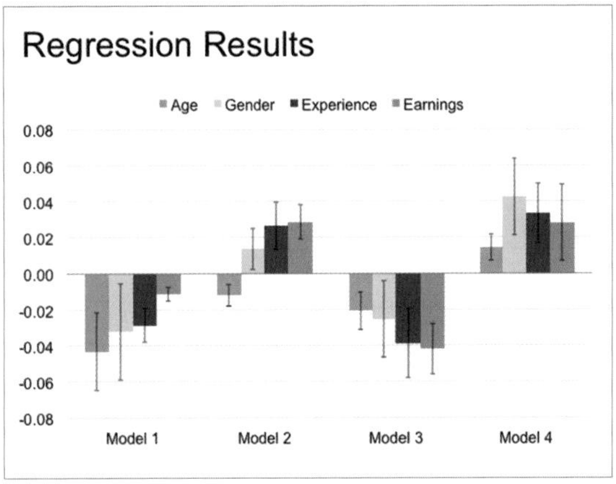

図5.31　データはできるだけ可視化する

この種の切り詰めた表（図5.30）は実用的だが、データをビジュアルとして提示したほうがはるかに効果的だ。目と脳の長所を活用するような視覚的な図表を考えて作成すれば、聴衆は容易に数字を処理したり結論を理解したりできるようになる。そうすれば、最初に表から削除した細部（たとえば、標準誤差などの変数）の一部をあえてもとに戻して、聴衆にいっそうわかりやすいグラフをつくることもできるだろう。

図5.31 の例を見てみよう。左のグラフは4つのモデルにわたる各変数の推定値を示したもので、右のグラフはそれにエラーバーを追加したものだ（縦棒の上にアスタリスクを追加する手もある）。この分析結果をくわしく論じたいのであれば、グラフにレイヤー化アプローチをほどこして、最初のスライドにモデル1の4つの推定値、次のスライドにモデル2の推定値、……というふうに分割してもいいだろう。

COLUMN 14 データ可視化の参考書籍

データ可視化についてもっと学びたい方は、データ可視化に関する考察を深める、すばらしい本が何冊も出ている。以下におすすめの本を（著者別に）列挙しておくが、本書の参考サイトには、それ以外の本やブログなどの情報も掲載してあるので参考にしてほしい。

アルベルト・カイロ： 彼にはデータ可視化に関する2冊の著作、『The Functional Art〔機能的アート〕』[9]と『The Truthful Art〔真実のアート〕』[10]があり、3冊目の出版が1～2年後に予定されている✒。ジャーナリズムの教授であるカイロの著作は、おもにストーリーを幅広い聴衆に伝えるための図表の作成に焦点が当てられており、データの基本的な概要、データ可視化、初歩の統計、図表の作成方法などが解説されている。

ジョルジ・カモンイス： 彼の著書『Data at Work〔働くデータ〕』[11]は、視覚に関する法則から、データの準備や可視化に関するデザイン上の留意事項まで、データ可視化の原則と戦略を幅広く網羅している。

ステファニー・エヴァーグリーン： 彼女にはデータ可視化に関する著書が2冊ある。2冊目の『Effective Data Visualization: The Right Chart for the Right Data〔効果的なデータ可視化：正しいデータのための正しいグラフ〕』[24]はデータ可視化の入門書で、Excelでさまざまなグラフを作成する方法を段階的に学べるガイドブックだ。

スティーヴン・フュー： 彼はデータ可視化に関する著作を何冊も出

✒2019年に出版された『How Charts Lie〔図はこうして嘘をつく〕』（Norton, W. W. & Company, Inc.）のこと。

している。『Show Me the Numbers〔数字を見せてくれ〕』[27]と『Now You See It: Simple Visualization Techniques for Quantitative Analysis〔ほら、見えてくる：定量分析の簡単な可視化テクニック〕』[26]は、データを効果的かつ戦略的に提示する方法についての包括的な概説書だ。

イザベル・メイレレス：デザインの教授であるメイレレスの『Design for Information〔情報のためのデザイン〕』[51]は、コンテンツとデザインの両方の要素に関するデータ可視化の現状を概観した本だ。掲載された多数の実例が、可視化のさまざまな種類と手法の見取り図を示してくれる。

アンディ・カーク：カークにはデータ可視化に関する著書が2冊あり、2冊目の『Data Visualisation: A Handbook for Data Driven Design〔データ可視化：データドリブンデザイン・ハンドブック〕』[44]は、データ可視化を概念化し発展させるためのシステムと、明快かつ効果的なデータ可視化を可能にするデザインの選択に役立つプロセスを解説している。

コール・ヌッスバウマー・ナフリック：ナフリックの『Storytelling with Data』✒[55]および同名のブログは、データ可視化のすぐれた入門書であり、テキストとグラフを組み合わせて効果的で説得力のあるストーリーを語る方法が解説されている。

✒邦題『Google流資料作成術』

エドワード・タフティ：彼が自費出版した4冊の著書は、データ可視化分野における古典だ。なかでも、『The Visual Display of Quantitative Information〔定量的情報の視覚的表示〕』[78]は、さまざまな実例やテクニックが収録されており、データ可視化の入門に最適だ。

ドナ・ウォン：ウォンの『Guide to Information Graphics〔インフォグラフィック・ガイド〕』[81]は、特定のグラフを取り上げ、データに最適なグラフの選び方とその理由やもっとも効果的なデータ伝達方法、グラフごとに記載すべきものと記載すべきでないものについて解説している。

グラフの挿入

では、実際にグラフを作成して、プレゼン資料にインポートしてみよう。データを可視化するにあたっては、Excel のような標準的ソフトを使う研究者もいれば、Adobe Illustrator のようなデザインツール、あるいは R や Stata のようなプログラミング言語を好む研究者もいる。これらのツールを組み合わせて使うこともある。たとえば、SPSS や SAS などのプログラムで実行した統計分析をもとに、Excel で最終的なグラフを作成し、最後にスタイル設定をして仕上げる、といった具合だ。スライド資料を作成中に、グラフもプレゼンソフトで作成してしまう研究者もいる。

どのアプローチをとっても問題はないが、プレゼン資料の作成に関しては、それぞれに多少異なる課題がある。別のツールでグラフ画像を作成して、それをプレゼンソフトにインポートする場合は、画像のファイル形式やサイズに問題がないかテストし、プロジェクターでの色や文字の表示具合を確認する必要があるかもしれない。また、編集作業を繰り返す場合は、複数のプログラム間を行ったり来たりしなければならないこともあるだろう。

PowerPoint などのプレゼンソフトでそのままグラフを作成する場合は、高解像度のグラフをつくっておくべきだ。しかし、そうすると、ファイルをもっている人なら誰でもそのデータを利用できるようになる（つまり、潜在的に問題が生じる可能性がある）。さらに、潜在的な弱点がもうひとつある。プレゼンソフトには、グラフ作成ツールと同等のデータ可視化機能が備わっていないかもしれない、ということだ。その結果、かならずしも期待していたレベルのグラフが得られない可能性がある。

グラフを別のツールで作成してプレゼンソフトに貼り付ける場合であろうと、プレゼンソフトでそのまま作成する場合であろうと、複数のスライドにまたがってグラフを整列・配置しなければならない場合もあるかもしれない。たとえば、一連のグラフをレイヤー化する場合、スライド間で差し替えるのはプロットしたデータだけになるように、かならず、軸、タイトル、ラベルがすべて同じ位置に表示されるようにしておかなければならない。そのためには、グラフが同じサイズで、各スライドの同じ場所に配置されていることを忘れずに確認する必要がある。あるいは、グラフのひとつを目的の位置に正確に配置したら、そのグラフを別のスライドにコピーして貼り付け、それを基準に新しいグラフを配置する、という手もある。新しいグラフをもとのグラフと一致するように配置したら、もとのグラフは削除する。

単純なグラフの場合は、専用のグラフ作成ツールを使うにはおよばない。単純な棒グラフが必要になったときに、私がよく使う簡単な方法がある。図形を利用するのだ。たとえば、2%、3%、6%の 3 本の棒を含む縦棒グラフをつくるには、長さの異なる 3 本の縦棒（2 インチ、3 インチ、6 インチ）を描画し、スライドに収まるように 3 本同時に縮小すればいい（**図 5.32**）。

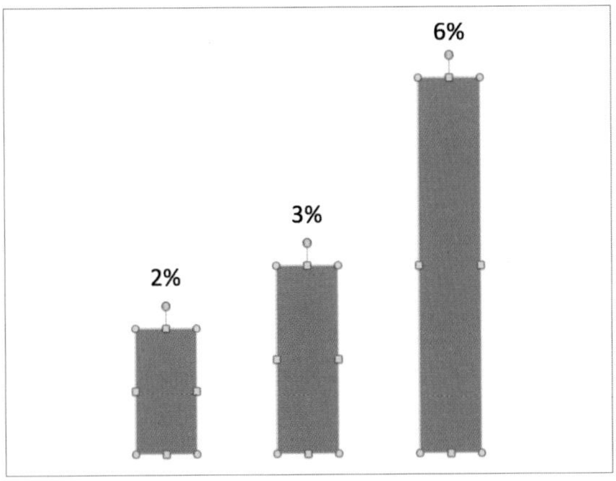

図5.32　単純なグラフなら、描画してから整列させてもいい

▼▼▼▼▼

データを可視化して表示するグラフは、ほとんどの研究者にとって欠かせないビジュアル要素だが、研究内容は、写真やアイコン、イラストなどを使って伝えることもできる。こうした画像は、意図的なデザインを追加したり、さまざまなスライド要素を結びつけたりするのに便利だ。また、スライドに集中するよう聴衆を促したり、メッセージを記憶しやすくしたりすることにも役立つ。次章では、効果的な画像の種類や、画像を見つけてダウンロードする方法、画像をプレゼンファイルに挿入して編集する方法について説明する。

「データ可視化スライド」について覚えておくべき3つのこと

1. **可視化**：脳の視覚的前注意処理を活用し、色や線、図形、印などの要素を使ってデータを強調すること。

2. **統一**：テキストとビジュアルを結びつけること（たとえば、凡例をグラフに統合する、など）。

3. **集中**：聴衆がデータを見やすいように、グリッド線や目盛、データラベルなどの重要ではない要素は最小化または削除すること。

第 6 章 画像スライド

この章では、情報を明確に伝えるビジュアル（グラフや表など）を離れ、プレゼンの骨組みをつくったり、プレゼンに背景を与えることによって、講演者を視覚的に支えるビジュアルへと移行する。発表者のなかには、この種の補助的な画像は使わず、「事実重視」で、テキストとデータのみで勝負する人もいる。しかし、画像はプレゼンで重要な役目を果たす。発表者の発言が画像と組み合わされると、聴衆の学習と記憶に対する効果が増大するからだ（序論で説明したように、これは**可視化**の指針の基礎となる「画像優位性効果」だ）。1980年代におこなわれた大がかりな実験で、心理学者のアラン・パイヴィオは、画像が含まれている場合には、聴衆がトピックを思い出す確率が2倍になることを発見した[56]。もっと最近の研究では、心理学者ジョアンナ・ガーナーらが、聴衆に同じコンテンツを異なる表現形式で見せるという一連の実験をおこない、提示されたものに視覚的要素が多ければ多いほど、聴衆の理解度が向上することを明らかにした[32]。さらに、リチャード・メイヤーらのさまざまな学習スタイルに関する一連の研究も、画像を使用し、テキストと組み合わせることの重要性を実証している[48]。忘れてはならないのは、プレゼン内容を支えるのが画像の役割であって、たんに装飾目的で画像を組み入れるべきではないということだ。

私はここで、スライドをきれいに見せるために美しい画像を見つけよう、などと主張するつもりはない。そうではなくて、口頭でのメッセージの支えとなるような画像を見つけ、スライドに組み入れることをおすすめしたいと思っているのだ。画像は、聴衆の感情的な反応を引き出す助けにもなる。聴衆がきわめて知的な、あるいは専門的な人たちであっても、感情に訴えることによって、テキストと数字ではなしえない方法で聴衆を引きつけることができる。感情（あるいは、心理学用語でいえば「情動」）は、記憶、創造性、注意といった、さまざまな認知プロセスに影響を与える。感情が活性化すると親しみがわくので、聴衆は発表者とその発表内容に興味を抱き、それらを記憶しやすくなるのだ。

画像のフルスクリーン表示

一般には、スライドに画像を配置する場合、スライドのスペース全体を利用したほうがいい。スライド全体に表示されるように画像を最大化すると、聴衆が見やすくなるだけでなく、不要な余白も減らせる。複数の画像を配置する場合にも、同じ戦略が当てはまる。画像をスライドにランダムに配置するのではなく、スペース全体を埋めるようにテキストといっしょに配置して一体化するのだ。そうすれば、スライド上に何があるのかを把握するために聴衆がしなければならない精神的な仕事量は最小限に抑えられ、聴衆は発表者の議論とメッセージに耳を傾けられるようになる。

小さすぎる画像や低画質の画像、透かしの入った画像、不自然に引き伸ばされた画像は使わないようにしよう。できの悪い画像や陳腐な画像くらいは、プロのデザイナーではない聴衆にも見分けられる。砂浜でジャンプするどこかのエグゼクティブの写真（**図 6.1**）があったりすると、聴衆は発表者の話そっちのけで、くすっと笑いながら気を散らしてしまうかもしれない。内容にふさわしい高画質画像が見つかるすばらしい専門サイトが数多くあるのだから（その多くは無料）、できの悪い画像が受け入れられる余地はないのだ。

例として、途上国の若い女性が直面している問題についてのプレゼンテーションを考えてみよう。多くの研究者が作成しそうなスライドは、基本的に**図 6.2** のような感じだろう――大量のテキスト、一貫性のない句読点の使い方、箇条書きの行頭記号、フォントはすべてデフォルトのCalibri。

第 4 章の戦略にしたがって、まずはテキストをばっさり削除してみよう。そうすれば、自動的にスライドの空きスペースが広がる（**図 6.3** 左）。テキストの量を減らしたことで、画像用のスペースが確保できた。画像を追加すれば、聴衆はプレゼンの内容をイメージしやすくなり、より身近に感じるようになる。図 6.3 右のスライドは、プレゼンに関連する画像を追加したので、左のスライドよりも記憶に残りやすい。また、気づかれたかと思うが、箇条書きの行頭記号（黒丸）も削除してある。一般的に、箇条書きにはテキストの一部を全体から分離する機能があるが、スライド上のテキスト量を減らせば、箇条書き間の余白を区切り記号として機能させることができる。

この画像をスライドいっぱいに拡大し、テキストを画像の明るい部分に移動することもできる（**図 6.4** 左）。テキストスライドでそうしたように、部屋のうしろにいる人に配慮して、利用可能なスライドのスペース

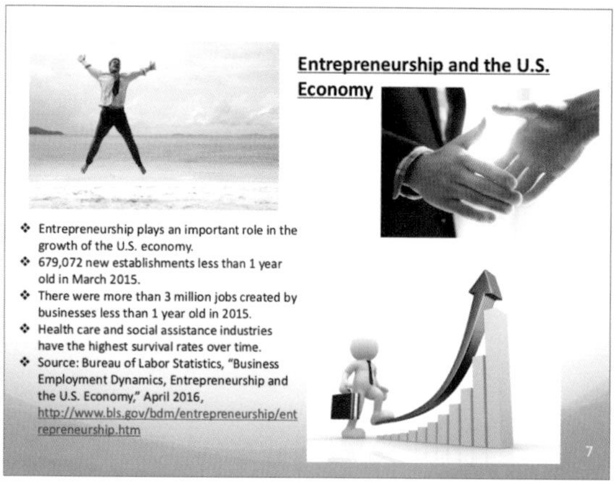

図6.1　できの悪い画像や陳腐なストック画像は避ける

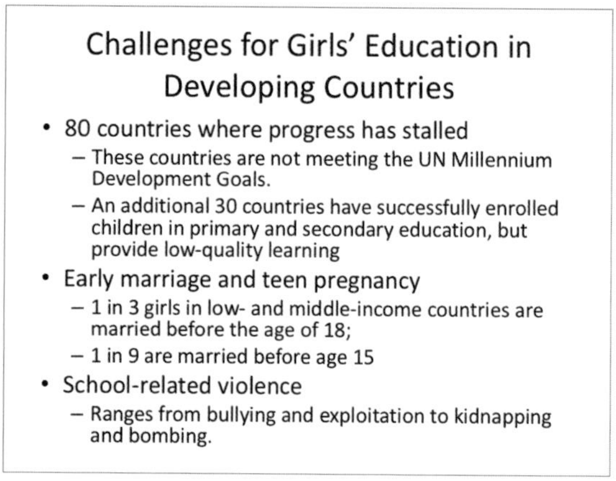

図6.2　典型的なテキストスライド

テキストはKing and Winthrop, 2015[43]にもとづく。

はすべて利用しよう。

テキストの一部が画像の被写体や暗い部分に重なる場合や、画像に余白や明るい部分が少ない場合は、テキストの下に透明な図形を置いて目立たせることができる（図6.4右）。雑然とした画像の場合は、画像自体からテキストボックスの背景色を選び、画像全体が見えなくならないように透明度を上げればいい（スライド上に複数のオブジェクトを配置した場合は、追加した順序によっては、PowerPointの［配置］メニューを使って重なり具合を修正する必要があるかもしれない）。

テキストをすべて削除して、タイトルだけを残すという手もある（**図6.5**）。繰り返しになるが、本書では後列にいる聴衆にも配慮したデザインを目指しているので、生き生きしたTwitterのようなタイトルや、スクリーンいっぱいの画像を使おう。

1枚のスライドに複数の画像を使いたい場合もあるかもしれない。そのような場合は、なおのこと、スライドのスペース全体を使うようにし

図6.3　テキストを減らすとスライドの空きスペースが増え、プレゼンに関連する画像を追加できる

よう。ちょっとした並べ替えとサイズ変更が、栄養プログラム（Nutrition Programs）に関する 4 枚の画像に与えるちがいに注目してほしい（**図 6.6**）。スライドのスペースをすべて活用し、テキストを画像と統合すれば、統

図6.4　画像をフルスクリーンに拡大し、文字サイズを大きくする

図6.5　箇条書きのテキストを完全に削除して、画像をスライドいっぱいに表示する

図6.6　スライドの空きスペースを埋めるように画像を配置して、統一感を与える

写真：右上から時計回りに、Anda Abrosini、Lotte Löhr、Harshal Hirve、Irina Blok（Unsplash.com）

一と調和のとれた外観が実現できる。これだと、聴衆も変更前ほど視線をあちこちに動かさずにすむ。このようなレイアウトにするには、各画像のサイズを変更してそれらを整列させればいい（PowerPointでは、［整列］メニューを使う）。そのあと、画像を区切る線を追加してもいいだろう（各写真に枠線を追加するか、スライドに線を引く）。

テキストと画像を組み合わせるときは、配置をあれこれ調整しながら、両方の要素がもっとも引き立つレイアウトを見つけよう。たとえば、セス・ゴーディンの引用文と彼の写真を組み合わせる場合、直感的には**図6.7**左のように、写真を中央に配置し、その横に引用文を置きたくなるかもしれない。この配置は、画像を強調するという点では成功だが、引用文はあまり目立たない。またテキストはすべてを押し込んだので、いくぶん狭苦しく感じる（文字サイズは32ポイントにした）。

これを修正するために、ゴーディンを右側に移動してみよう（図6.7右）。そうすれば、引用文の文字サイズを大きくでき、スライドのスペース全体を活用できる。これは大幅な改善だ。文字サイズは40ポイント以上にもなり（これも部屋の後列の聴衆に配慮したデザインだ）、引用文は画像と同じくらい目立つようになった。

しかし、ゴーディンがテキストから目をそらしていることに注意しよう。人物画像とテキストを組み合わせる場合は、かならず聴衆の視線がテキストのほうに向くように画像を配置すること。そうすれば、2つの要素がうまく調和する。写真をスライドの左側に、テキストを右側に入れ替えると、聴衆は自然にゴーディンの視線を追って引用文へと向かうだろう（**図6.8**）。

このレイアウトでは、顔と引用文を結びつけているが、それでも両者は明確に区別されている。一般には、テキストを画像の形状に合わせる

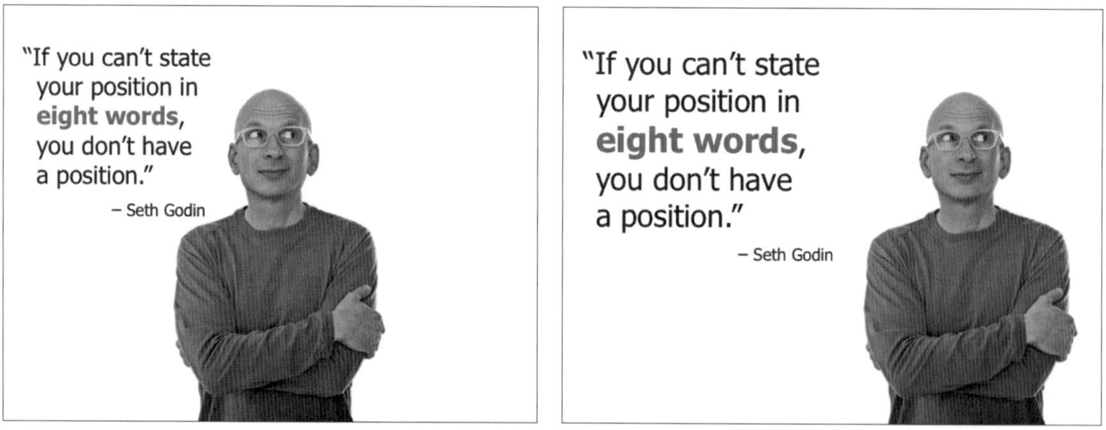

図6.7　画像を片側に寄せると、テキスト用のスペースが増える
写真：Brian Bloom

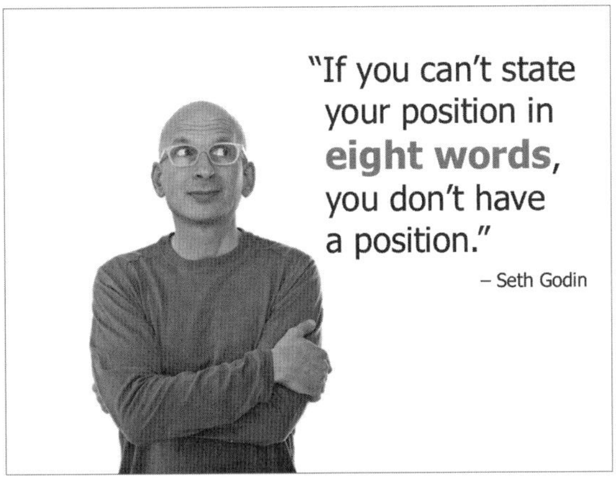

図 6.8　被写体の視線をテキストのほうに向け、画像とテキストを一体化する

ことによって、画像（とくに歩く人や空を飛ぶ飛行機のような動きのある画像）とテキストをうまく調和させることができる。単純な例として、第 1 章のピラミッド構造の図とテキストの関係を思い出してほしい✎。テキストは図形の斜めの線に沿って配置されていたはずだ。画像とテキストを並べるときは、少し時間をかけて配置を工夫してみよう。うまくいけば、聴衆は画像とテキストに統一感を感じ、注意をそらすのではなく、むしろ引きつけられるだろう。

✎図 1.1 など。

これらの一般的指針を念頭に置きつつ、画像や動画の検索やダウンロード、挿入、設定に取りかかることにしよう。

画像の見つけ方

第 1 章のプレゼンワークシートには、画像のアイデアをスケッチし、列挙するためのスペースが用意してあった。そこに書き込んだ具体的なイメージがここで役に立つ。インターネットで「気候変動」や「所得分布」や「国際金融」といったキーワードで画像検索するとすぐに、そのものズバリとはいかなくても、プレゼン内容に関連のある汎用的なストック画像が確実に見つかる。探している画像をできるだけ具体的にイメージしておくと、よりよい結果が得られるだろう。ぜひ「ハリケーンサンディによる沿岸損害」や「ワシントン DC のホームレス」、「ギリシャの銀行取り付け騒ぎ」といった具体的なキーワードで画像を検索してみてほしい。その画像で何を伝えたいのか、それをどんなふうに見せたいのかについてじっくり考えてみること。プレゼンの内容や雰囲気に合うのでなければ、わざとらしい写真や陳腐な写真、不自然な写真は避ける。身ぶりによるギャグを写した写真や皮肉の込もった写真もやめておこう。

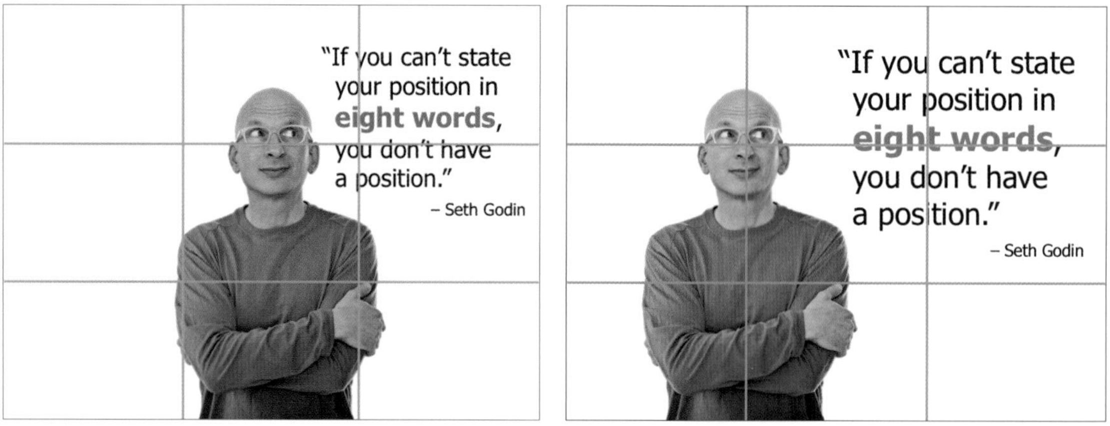

図6.9 「3分割法」を使えば、画像が生き生きし、スライド要素を一体化できる

検索を始めるに際し、画像の選択を方向づけるために「3分割法」と呼ばれる構図のガイドラインを使うのもいいかもしれない（**図6.9**）。3分割法によると、被写体が中央に置かれていない場合、画像はいっそう興味深く、ダイナミックで、魅力的に見える。この方法は、その名のとおり、画像やスライドを縦横それぞれに3分割して、9つの部分に分けるというものだ。写真家のデイヴィッド・ピーターソンによれば、3分割法は実際にうまくいく[59]。被写体が中央に配置されているときは静止しているように見え、目は寄り道せずに直接被写体に引き寄せられる。しかし、被写体が端に寄ると、目は自然にそれを追いかけ、画像を見ている時間も長くなる。このようにして、画像と見る者のあいだに相互作用が生じる。セス・ゴーディンのスライドを思い出してほしい。彼の写真が中央から左に移動すると、スライドは生き生きとして見えるし、大きな見出しテキストを表示する十分なスペースも生まれる。

アダム・ノアーは電子書籍『Slides Made Simple〔スライドをシンプルに〕』[54]のなかで、スライド全体の背景として機能する画像を見きわめるための、すばらしい方針を提案している。まず、テキストなどの要素をあとから追加できるように、余白（被写体以外の空きスペース）の大きな画像を使用する。次に、ぼやけた領域がある写真なら、画像の重要な領域を覆わずにほかの要素を追加するためのスペースを確保できる。最後に、ある色から別の色へゆっくりと色が薄くなる（グラデーションのある）写真は、テキストなどの要素を違和感なく配置できる。

このガイドラインは厳格なものではない。こまごました写真や雑然とした写真のほうが、論点を伝えるのに適している場合もあるかもしれない。その場合は、画像をテキストといっしょに提示することもできるし（おそらく私が先にしたように透明なテキストボックスを使うことになるだろう）、テキストなどの要素なしでスライドに単独で提示してもいいだろう。ただし、聴衆がスクリーンに置かれたすべてのものを解読しようとすることは忘れずにおこう。画像が複雑になり、配置が不規則になればなるほど、聴衆の焦点は定まらなくなってしまう。

写真素材

では、Google にキーワードを入力し、候補として表示される画像を見る以外に、どうやってプレゼン内容にぴったりの写真を探せばよいのだろうか。私にとって、よい写真素材サイトとは、高画質の画像が豊富にあって、検索ツールが使いやすいサイトだ。以下に、おすすめをいくつか紹介する。無料のものもあれば、有料のものもある。インターネットの世界はつねに変化しており、新しいツールやサイトも次々登場している。本書の参考サイトでは最新のリストを掲載しているので、参照してほしい。

- **まずは、iStock、Shutterstock：**これらは、ウェブ上で利用可能な数多くの有料写真サイトのうちの3つにすぎない。各サイトには、さまざまな会員制度や購入方法がある。これらのサイトの一部には、用途ごとに使用許諾条件が異なるものがあるので注意してほしい（たとえば、書籍での使用と大学の講義における使用など）。
- **Flickr Creative Commons：**世界中に何百万ものユーザーがいる、写真の投稿・共有サイト。基本的に写真の多くは無料で、クリエイティブ・コモンズ・ライセンスを通して使用できる（このライセンスの意味については、のちほど詳述する）。
- **Compfight：**Compfight も Flickr のライブラリを使っているが、こちらのほうが、表示の仕方と検索ツールがすぐれていると思う。さまざまなタグやライセンス、クリエイティブ・コモンズか商用か、などの条件で検索結果を絞り込める。検索するとサムネイル画像の並んだページがすぐに表示されるが、そのうち上部近くの画像は Flickr ではなく商用写真サイトのものだ。
- **Freeimages：**このサイトには、かなり広範なライセンスのついた約50万枚の無料画像が集められている。商用でも非商用でも、複数のプラットフォーム（たとえば、印刷物とデジタル）で画像を使用できる。ほとんどの画像は著作権表示を必要としないが、ここで見つけた画像は、使用する前に使用許諾条件を最終確認しておこう。
- **Pexels：**Pexels にある画像は、私用・商用にかかわらず、著作権表示なしで無料利用できる。写真を購入する予算がない場合は、ここがいちばんのおすすめだ。完全無料の画像を提供しているウェブサイトには、ほかにも、Pixabay、Unsplash、Gratisography、Little

Visuals などがある（一部は Pexels でも検索できる）。

Wikimedia Commons（ウィキメディア・コモンズ）： ウィキペディアと同じ理念にもとづくウィキメディア・コモンズは、パブリックドメイン（著作権切れ）やライセンスフリーの各種メディアコンテンツ（画像、音声、動画など）の貯蔵庫の役割を果たしているが、個別のライセンスについては、確認の必要があるだろう。

お気づきかと思うが、このリストには Google 画像検索が含まれていない。私はおもに 2 つの理由から、Google 検索で見つけた画像を使うことはおすすめしない。第一に、ほとんどの画像はインターネットで使用するためのサイズになっており、プレゼンで使用するには（とくに高解像度のスクリーンやプロジェクターの場合）、解像度が低すぎるからだ。第二に、Google 画像検索における使用許諾条件はかならずしも正確ではない。なぜなら、画像はさまざまなウェブサイトにアップされており、そのすべてが著作権に関するルールを守っているわけではないからだ。だから、画像の使用が許可されているかどうかをいちいち確認する必要がある（これについてはあとで詳述）。

アイコン素材

写真と同じく、アイコンを使えば、スライドをより魅力的で印象的なものにできる。色やフォントと同様に、プレゼン資料全体を通してアイコンを使用し、議論のさまざまな部分を結びつけて統合することも可能だ。先の女子教育スライドの例の代案として、箇条書きの行頭記号を削除して大きな画像を挿入するのではなく、テキストと図形やアイコンを組み合わせれば、ポイントを伝えることもできるだろう（**図 6.10**）。アイコンがトピックに対する明快な視覚的手がかりを与えることに注目しよう。一連のスライドで同じアイコンを繰り返し使用すれば、聴衆は発表者が話している内容を頭のなかで整理しやすくなるだろう。もうひとつの方法は、見出しと 3 つのポイントを別々のスライドにしてレイヤー化することだ。そうすれば、アイコンのサイズを大きくできる。たとえば、80 の国々をハイライトできるような大きな地図を 1 枚のスライドいっぱいに配置する、といった方法も考えられるだろう。写真素材サイトと同じく、数多くのアイコン素材サイトが利用できる（詳細は本書の参考サイトに記載）。

Flaticon： シンプルなアイコンを集めた巨大データベース。その大半は著作権表示なしで自由に使用できる。複数のサイズのアイコンがひとつの画像ファイルに収められた形で提供される場合が多いので、

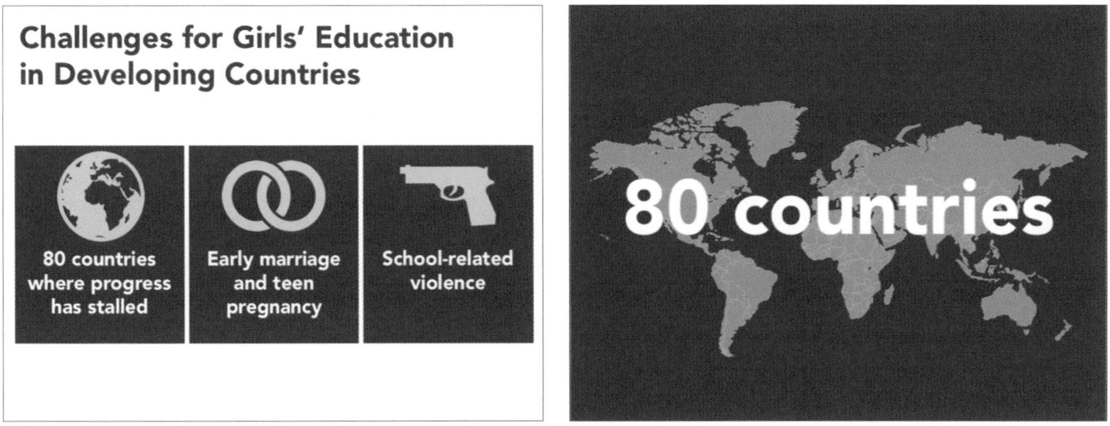

図6.10　アイコンは、コンテンツの伝達に役立つ便利なビジュアル要素として使える

プレゼンソフトのトリミングツールをうまく活用する必要がある。

iconmonstr：このサイトには、3000種以上ものアイコンが用意されている。すべて無料で利用でき、著作権表示も必要ない。ここには高画質のアイコンもあるが、その数は多くない。

Noun Project：自作のアイコンをライブラリに提供するアイコンデザイナーのオンラインコミュニティ。ダウンロードと購入については、さまざまなオプションがある。デザイナーの著作権を表示するかぎり、無料でアイコンをダウンロードできる。購入することも可能だ（5ドル未満）。

カスタム画像

予算とその気があれば、特別注文の画像やアイコンを購入することもできる。印象的ですばらしいアイコンや画像を作成するのを手伝ってくれる、有能で創造的なデザイナーは数多い。いくつか使えそうなところを挙げておくと、99designs、Bēhance、Dribbble、Fiverr、Upworkあたりがおすすめだ。これらのサイトは、ウェブデザイナーやグラフィックデザイナーから、イラストレーター、アーティスト、プログラマー、ソフト開発者、タイポグラファーなどにいたるまで、多彩なスキルをもつ人たちとつながることを可能にするウェブサイトだ。登録すると、スキル、仕事の種類、地域などで検索可能なデザイナー個々人のポートフォリオを参照できる。

著作権とその表示

インターネットで画像を見つけてダウンロードするのはとても簡単なので、多くの発表者は、画像の撮影者や所有者のことなどあまり考えずにダウンロードを繰り返している。その結果、プレゼンテーションでその画像を使用する際に、適切な使用許可を得ているかどうかを確認することができなくなってしまう場合が多い。これはどうでもいいことのように思えるかもしれないが、論文では先行研究の引用に細心の注意を払っているのだから、プレゼンの発表者は、ビジュアルコンテンツの作成者にも同じルールを適用すべきだ。今しがたインターネットからダウンロードしたばかりの画像には、それを作成した人がいるのであり、使用するには許可が必要な場合がある。

ここまで（および本書の参考サイト）に列挙したような有料の写真素材サイトを使用する利点は、写真自体の著作権と使用許諾条件に関する情報がセットになっていることだ。iStock や Shutterstock などのサイトから画像を購入する場合、通常は追加の著作権表示なしに自由に使える権利が与えられる（念のため、当該サイトで使用許諾条件をかならず確認してほしい）。無料で使用できる画像を多数用意している、Compfight のような写真素材サイトには、画像を使用するときに著作権表示をどのようにすべきかが明記されているはずだ。そのようなサイトでは、一般的にクリエイティブ・コモンズ・ライセンスを通して使用許諾や著作権表示の要件が伝えられるので、誰でも自由かつ簡単に写真を使用できる。

クリエイティブ・コモンズ（CC）ライセンスは、動画、グラフィック、写真など、あらゆる創作物に適用される。許諾された著作物に対してできることとできないことを定めた6つのライセンスがあり、たとえば、「表示（CC BY）」ライセンス（「BY」は表示を表す）は、適切な著作権表示をしておきさえすれば、著作物（商業目的での使用も含めて）を自由に使用できる。一方、「表示―非営利―改変禁止（CC BY-NC-ND）」ライセンスは、6つのライセンスのうちでもっとも制限が厳しい。このライセンスの要件は、著作物に著作権表示をすること（「BY」）、非営利プロジェクトでのみ使用すること（「NC」）、変更（派生物）を加えないこと（「ND」）となっている。画像の作成者がもとのサイトからその画像を削除した場合でも、すべての CC ライセンスは永続的に継続される。各ライセンスのくわしい説明については、クリエイティブ・コモンズのウェブサイトを見てほしい。

画像のライセンスが明確ではないか、考えていた使い方が禁止されている場合は、いつでも使用許諾を求めればいい。作成者に直接お願いしてみるのだ。私は以前、Compfight ですばらしい写真を見つけたが、撮影者はその利用を制限していた。メールでその画像の使用許諾を求めたところ、撮影者は快諾してくれた。

また、複数の媒体で画像を使用する場合は注意が必要だ。PowerPoint のプレゼン資料で画像を使用する許可を得たからといって、ウェブサイトや雑誌記事、書籍で使用することがかならずしも許されるわけではない（「非商業的」用途から「商業的」用途に変わる可能性がある）。制限は、スライドをウェブサイトに掲載したいと思っている学会にもおよぶことがある。そのため、営利目的と非営利目的の両方の使用を許可するライセンスのついた画像だけを使うようにしたり、さまざまな用途に使えるように、作成者やウェブサイトに広範な使用許諾を求めるのが得策かもしれない。

スライドの画像に著作権表示を追加するのは、いたって簡単だ。スライドのいちばん下に、「写真：ジョン・シュワビッシュ」や「*Photo Credit: Jon Schwabish*」といった文言を記載するだけだ。「*Photo Credit: Flickr/Jon Schwabish*」のように、画像のソースを含めてもいい。スライドのどこにでも著作権表示のテキストボックスを配置できるが、私は、スライドの右下の隅に12または14ポイントのイタリック体フォントで配置することが多い。出版物全体を引用するなど、より複雑な著作権表示については、前章で触れた「巻末注」スライドに追加情報を記載すればいい。

大きな画像の入手

最終的に画像がスクリーンにどのように投影されるかは、画像の画質とハードウェア次第だ（詳細は後述）。デジタル画像は、最小単位のピクセルで構成されている（「dpi（dots per inch）」または「ppi（pixels per inch）」という用語を聞いたことがあるかもしれない。これらの用語は、紙のページやモニター画面上のドットまたはピクセルの密度を表している）。画像に使用されるピクセル数が多いほど解像度が高くなり、画像がオリジナルに近くなる。画像を小さくすると、1インチあたりのドット数が増える（ドットがどんどん狭くなる）。したがって、そうしても画像がゆがむことはない。けれども、画像を大きくすると、1インチあたりのドット数が減り（ドット密度が減少し）、画像がぼやけたりゆがんだりすることがある。

そのため、できるだけ大きな画像をダウンロードすることをおすすめする。**図6.12**左の画像は、PowerPointに挿入したときのもとのサイズが、横1.67インチ、縦1.11インチだった。だから、スライドのスペースに合わせるには、かなり引き伸ばす必要があった（私は少女の肩にズームインした）。これに対して、この画像の大きいバージョン（図6.12右の画像）のサイズは、PowerPointに挿入したときに6.63インチ×10インチだった。そのため、7.5インチ×10インチのスライドに合わせて少しだけ引き伸ばした（スライドのサイズについては次章で詳述）。じっくり見ると、2つの画像の画質のちがいが確認できるだろう。

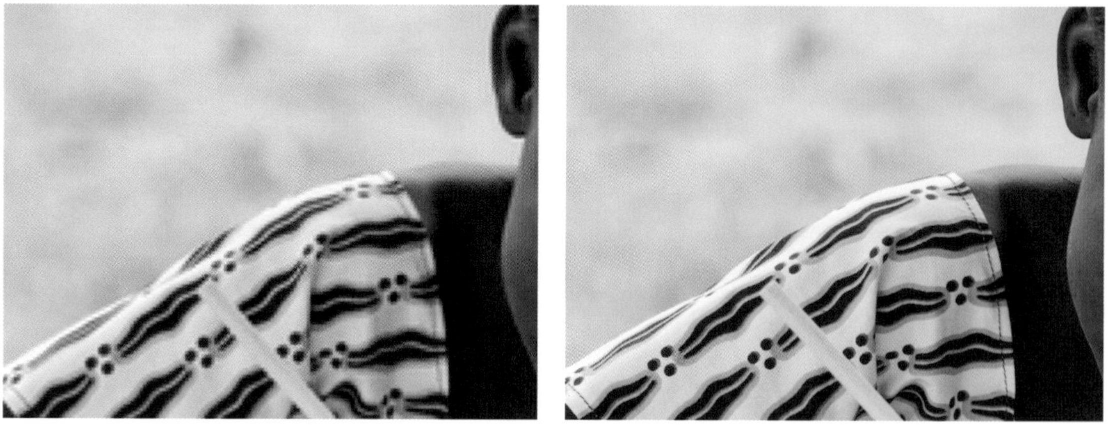

図6.11　画像を拡大しすぎると、ぼやけやゆがみが生じる可能性がある

多くの場合、スクリーン上の画像の画質は、画像サイズやピクセル数にかかわらず、最終的にはプロジェクターの対応解像度によって決まる。標準のプロジェクターは、横800ピクセル、縦600ピクセルを表示できる。最近の高解像度のプロジェクターなら、4000 × 2000ピクセルの表示が可能だ。画像がどのように見えるかを確かめるには、使う予定のプロジェクターでスライド表示を試してみるのがいちばんだが、そんなぜいたく品はもっていないという方は、できるだけ大きく画質の高い画像を手に入れるようにしてほしい（ただし、メモリーの容量を増やす必要はあるかもしれない）。

COLUMN 15　画像の背景の削除

セス・ゴーディンのサンプルスライドに使った画像は、もともと背景が白だった。暗い部屋でプレゼンをするときに、白の背景を使わないとどうなるだろうか（**図6.12**）。多くのプレゼンソフトには、写真の背景を削除する機能が備わっている（PowerPointなら［背景の削除］ツール、Keynoteなら［インスタントアルファ］ツールを使用する）。Beamerなどのツールには同様の機能がついていないが、PowerPointで編集した画像を保存し、それをBeamerのプレゼンに挿入すればいい。また、この例では、ゴーディンが宙に浮かんでいるように見えないように、PowerPointの［整列］ツールを使ってスライドの下部に画像を配置した。

図6.7や6.8。

図6.12　ソフトによっては、写真の背景を削除することもできる

画像の保存と挿入

さて、画像を選び終わった。次のステップは、画像をインターネットから自分のパソコンに、そして自分のプレゼン資料に取り込むことだ。女子教育スライドの少女の画像に戻ろう。私はShutterstockからこの画像の3つのサイズを購入し、自分のパソコンのプレゼンファイルが入っているフォルダに保存した。

画像をダウンロードする際は、あらかじめ画像の整理方法についてじっくり検討しておくべきだ。ウェブサイトによっては、画像のファイル名が「8142413786_fbd8d37852_h.jpg」のようにわかりにくくなっている場合もある。これでは、先週ダウンロードした画像を検索しようとしても、うまくいかないし、画像の著作権を確かめるのも難しくなる。

私は、画像を整理するのに、プレゼンごとにそれぞれ別のフォルダを作成することが多い。各フォルダ内に「画像」フォルダを作成し、すべてのオリジナル画像をそこに入れる。そして、その画像をプレゼン資料に挿入するときに、スライド上またはノートペインにソースと著作権情報を書き込んでおく。そうしておけば、次にその画像をもう一度使いたくなったときに、オリジナル画像とダウンロード先のURLなどの情報をメモした作成済みのスライドがすぐに見つけられる。もちろん、ほかにも多くの方法がある。とりわけ、プレゼン専用ではない画像がある場合には、以下の方法が使えるだろう。

- 現在のファイル名を、ダウンロード先や作成者、場合によってはキーワードを含んだものに変更する。この方法では、画像のさまざまな著作権情報を保持できるが、ファイル名が長くなり、フォルダ表示が雑然とするかもしれない。

- すべての画像をひとつのプレゼンファイルに挿入し、画像ライブラリとして活用する。このファイルのスライド上またはノートペインに、ダウンロード先や著作権情報の詳細などを書き留めておく。このファイルは時間が経つにつれて肥大化し、維持するのが難しくなるだろうから、さらに別の「ライブラリ」プレゼンファイルを作成する必要がある。私は、このライブラリファイルをプレゼンごとに作成することが多い。別のプレゼンで画像を再利用するときは、ライブラリファイルごと移動させればいい。
- すべての画像をひとつのフォルダに保存し、関連情報（ファイル名、タイトル、ダウンロード先）をスプレッドシートに記録しておく。こうしておけば、もとのファイル名を使って画像を見つけることもできるし、あとで必要になるかもしれないソース情報（ダウンロード先のURL）を管理することもできる。
- PinterestやEvernoteのように、画像などを整理するために構築されたオンラインサービスも使える。たとえば、Pinterestでは、基本的に画像元のサイトにリンクされたビジュアルブックマークを作成できる。

動画を使う

動画は、プレゼンテーションのペースを変え、聴衆を自然と引き込むのに役立つ。とはいえ、ほかのすべての素材と同様に、たんにクールな動画を見つけたので聴衆に見せたい、などという理由だけではなく、つねにプレゼンのメッセージや内容を支えるために使う必要がある。

ガー・レイノルズはプレゼンについての著作で、動画クリップは30秒未満に収めることを推奨している[65]。それ以上長くなると、聴衆が関心を失い始める可能性があるというのだ。個人的には、動画の質に比べれば、長さはそれほど重要ではないと思う。私は講演者として、ハンス・ロスリングの有名なTEDトーク、『The best stats you've ever seen〔最高の統計を披露〕』を編集した2分半のクリップを何度か見せたことがあるが、じつに巧みで、おもしろく、興味深い（**図6.13**）。私の聴衆も、TEDの聴衆に劣らず楽しんでいるようだ。

スライドから動画へのシームレスな移行は、正しく設定すれば簡単にできる。その際、できればプレゼンソフトと動画ソフトあるいはウェブブラウザを切り替えないようにしてほしい。とくにウェブサイトのストリーミング動画は避けたほうがいい。確実なインターネット接続が必

図6.13　ハンス・ロスリング『The best stats you've ever seen〔最高の統計を披露〕』
TEDトーク、2006年2月。許可を得て掲載

要となるからだ。その場合はむしろ、動画をパソコンにダウンロードしたうえでプレゼンに挿入すべきだ（PowerPointでは、［挿入］メニューを使ってスライドに動画を簡単に追加できる）。動画が無事スライドに追加されたら、あとは自由にサイズ変更したり回転したりできる。私は、画像はスライドのスペース全体を占めるようにすべきだ、というのが持論なので、動画もフルスクリーンで再生されるようにしている（PowerPointでは、［ムービーのフォーマット］メニューから動画のサイズ設定が可能だ）。スライドに動画を追加すると、ファイルサイズが大幅に増えるので注意しよう。PowerPointでは、動画をさまざまな画質レベルに圧縮できる（［ファイル］、［情報］の順に選択）。圧縮後は動画の画質をかならずチェックしておこう。

また、自分のパソコンに動画ファイルを入れておけば、それを編集して、プレゼンに使用する動画クリップを作成することもできる。パソコンに動画をダウンロードするツールは、有料のものから無料のものまでいろいろある。WindowsとMac OSのどちらのパソコンでも、基本的な動画編集ツールが利用できるので（前者はWindowsムービーメーカー、後者はQuickTimeおよびiMovie）、動画を希望の長さに切り取れる。

また、動画ファイルはプレゼン資料と同じフォルダに保存したほうが便利だ。とくにPowerPointの場合は、オリジナルの動画ファイルを探そうとするので、もとの場所から移動すると再生できないことがある。同様に、Beamerなどのプログラムを使っている場合は、コードを書き換えずにファイルを移動すると、もとのファイルの場所が指定されたま

まなので不具合が生じる。すべてのファイルをひとつのフォルダにまとめておけば、パソコンに問題が生じた場合や、プレゼン資料を誰かと共有する必要がある場合に、簡単に圧縮ファイルに変換できる。

COLUMN 16 PowerPointで画像を編集する

ほとんどのプレゼンツールには、かなりしっかりした画像編集ツールが付属している。たとえば、PowerPoint では、［トリミング］ツールを使って画像の一部を切り取れる。ただし、PowerPoint の［トリミング］ツールは、基本的に画像を垂直方向と水平方向にしか編集できない。画像の一部を削除する場合は、画像の上に図形を配置して不要な部分を覆い隠すという手もある（**図 6.14** の米国の画像では、ハワイとアラスカの上に長方形を置いてトリミングしたので、このあと白の背景に合わせて色を変更する必要がある）。

曲線からなる図形（円など）がいくつか用意されていて、その形に切り取ることはできる。ただし、任意の形で切り取るのはむずかしい。

画像編集ツールを使用するか、画像の上に透明な図形を追加するかして、画像の透明度を直接変更することもできる。プレゼン資料のファイルサイズが気になる場合は、PowerPoint の［圧縮］オプションを使用してファイルサイズを減らし、トリミングした画像の未使用部分を削除することもできる（注：トリミングした画像をいったん圧縮すると、再編集したくなっても、圧縮した画像をもとには戻せない）。PowerPoint はデフォルトの圧縮を自動的に実行するので、プレゼンファイルを編集して再利用すると、画質が低下する可能性がある。

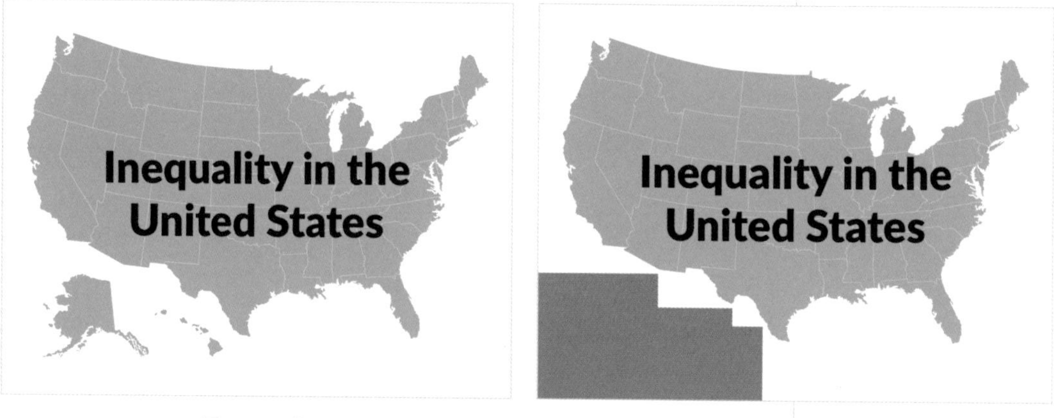

図6.14　必要に応じて画像を編集する

▼▼▼▼▼

これで、プレゼンテーションにおける画像の力がおわかりいただけたかと思う。プレゼン内容をビジュアル要素と関連づけておけば、聴衆の記憶に残りやすいし、親しみもわく。スライドに画像（写真、イラスト、アイコンなど）を挿入するだけで、聴衆のメッセージに対する理解を深められるのだ。テキストやグラフと同様に、できるだけ大きな画像を手に入れてフルスクリーン表示すれば、スライドのスペースを最大限に活用できる。単純明快な、見出しのようなテキストをフルスクリーンの画像と組み合わせると、発言の支えにもなるし、聴衆の注意を特定のポイントや議論に集中させることもできる。

「画像スライド」について覚えておくべき3つのこと

1. **可視化**：スライドのスペース全体を占める高画質の大きな画像を使用すること。

2. **統一**：プレゼン資料を通して、画像の使い方に一貫性をもたせること。たとえば、最初の10枚のスライドに白黒写真を使うのであれば、11枚目のスライドにもその方針を貫くべきだ。

3. **集中**：テキストと画像を関連づけ、聴衆の注意をスライドの重要部分に引きつけること。

第7章 足場スライド

これまでに示した戦略にしたがっていれば、最小限に抑えたテキスト、聴衆の注意を引きやすいようにデータがすっきりとまとめられたグラフ、ポイントを明確化し、見る者を引きつける画像を特徴とするスライドができあがっているはずだ。これでほぼ完成だが、あともうひとつだけ検討すべきスライドが残されている。それは、私が建築現場の仮設の「足場」になぞらえて足場スライドと呼んでいる種類のスライドだ。この足場スライドによって、聴衆は確実に議論を追い、メッセージを理解できるようになる。

足場スライドの目的は、あるセクションから別のセクションに移行するときに、聴衆の注意を引きつけて集中させ、どこが重要ポイントなのかを理解させることだ。建築現場の足場は建物そのものではないが、建物を補助する重要な役目を果たしている。足場スライドもそれと同じで、プレゼンのメッセージや内容そのものを伝えるわけではないが、情報の伝達をサポートする役割を担っている。足場スライドはさまざまな種類のスライドをまとめた総称で、プレゼンテーションの案内役を務める「タイトルスライド」と「目次スライド」、プレゼンをいくつかのセクションに分割する「ヘッダースライド」、聴衆の注意を発表者へ向けさせる「中断スライド」、プレゼンテーションの終わりを告げる「エンディングスライド」からなる。

タイトルスライド

おおざっぱな数字だが、学術的なプレゼンテーションの99%は、プレゼンのタイトルや発表者の名前と所属、連絡先を記したスライドから始まるのではないかと思う。プレゼンが始まるのを待つあいだ、発表者と聴衆はかなりの時間このタイトルスライドを見て過ごす。にもかかわらず、このスライドにはこれといった特徴もなく、研究内容に関する情報が何も得られず、脳の視覚中枢を利用しそこねているものが多い。なんとももったいない話だ。最初のスライドはプレゼンテーションの雰囲気を決定づける一因になる。だからこそ、その機を逃さず、これから始

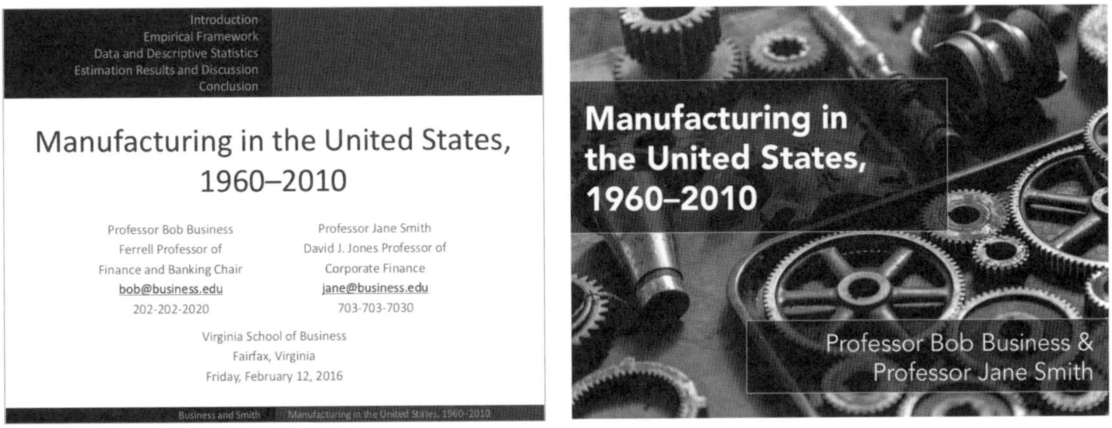

図7.1　ビジュアル要素を増やし、魅力的なタイトルスライドを作成する
写真：Ryan McGuire（Gratisography.com）

まるプレゼンテーションが内容豊富で、楽しく魅力的で、かならずおみやげメッセージを持って帰れる有用なものだということを、きちんと強調しておこう。

まず、不用品を減らし、重要な情報に焦点を絞るために、何を削除できるかについて考えてみよう。長ったらしい肩書、プレゼン発表日、メールアドレス、住所、電話番号を記載する必要はあるだろうか（まさか本当に電話をかけてきてほしいとは思っていないだろう）。本当に必要な連絡先情報はメールアドレスくらいだろう。削除する項目が決まったら、追加する要素について考えてみよう。たとえば、発表内容を印象づける補完的な画像があれば、それを加えてもいいだろう。最後に、スライド上のすべての要素を、かならずほかのスライドで使ったのと同じフォントと色で統一しておこう。このことがもたらすちがいを確認するために、以下の点について考えてみよう。**図7.1**のスライドのどちらが、発表者がプレゼン資料についてじっくり考えたことを示しているか？　どちらが聴衆のニーズを考慮しているか？　最後に、どちらのスライドが聴衆の記憶に残り、役に立つ可能性が高いだろうか？

目次スライド

発表者がプレゼンをどのように進めようとしているかについての予備知識があればあるほど、聴衆は話についていきやすくなるだろう。「目次スライド」はこのロードマップを提供するうえでたいへん役に立つものだが、すべての目次スライドが有効に機能するわけではない。多くの場合、この手のスライドは聴衆のためというよりも、講演者の役に立つように思われる。講演者はこれから話す内容を確認するためにこのスラ

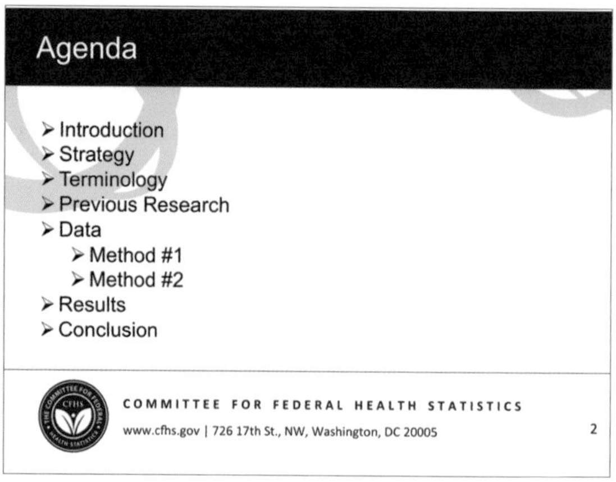

図7.2　典型的な目次スライド

イドを使うのだ。であれば、目次スライドはないほうがましだ。たんに口頭で言えばいいからだ。くどいようだが、発言内容をすべてスライドに記載する必要はない。**図7.2**の目次スライドには、発表者がしようとしているすべてのことが列挙されているが、聴衆にとってはほとんど意味がない。このスライドには、プレゼンの意義、各セクションの時間配分、これから語られる研究の内容などについての手がかりが何も記されていないからだ。

あるいは、**図7.3**のように、従来の目次スライドをタイムラインなどで代用するという手もある。通常の箇条書きやテキスト主導の方法を使う代わりに、タイムライン・目次スライドを使えば、聴衆はプレゼンの構造に期待を抱くようになるし、プレゼンの流れもわかりやすい。この例では、重複する箇条書きをいくつか削除し、残った箇条書きのテキストを使ってタイムラインに配置した（タイムラインは、PowerPointで各セクションの予想所要時間に比例したサイズの長方形そのものを描いて作成した）。こ

図7.3　タイムラインを兼ねた目次スライド

Reynolds, 2008[62]をもとにアレンジした。

図7.4　箇条書きの行頭記号をアイコンに置き換えた目次スライド

のスライドを１段階ずつレイヤー化してもいいかもしれない。そうすれば、発表者は各セクションについてくわしく述べられるし、なぜそれが重要であるかについての説明をつけ加えることもできるだろう。しかし、あとで話す内容をこの段階で話すことに時間を費やす価値があるかどうかを検討すること。すぐに本題に入ったほうが効果的かもしれない。

この種のタイムライン式スライドは、休憩をはさんでおこなわれる１日がかりのプレゼンや演習の場合にとくに役立つ。このスライドを見た聴衆は、発表者が休憩や食事の必要性を計算に入れていることを知って、その配慮をありがたく思うだろう。そうしておけば、聴衆も長い１日の見通しを立てられるわけだ。

従来の目次スライドに代わるもうひとつの方法は、アイコンを使って、プレゼンテーションの各セクション間の関係を伝えるスライドを構成することだ。そうすれば、聴衆はプレゼンの全体像が把握でき、各セクションに関する視覚的手がかりを得ることになる。このアイコンはプレゼン資料を通して繰り返し使える。私はまたしても箇条書きのテキストをいくつか削除し、残った箇条書きの行頭記号を印象的なアイコンに置き換

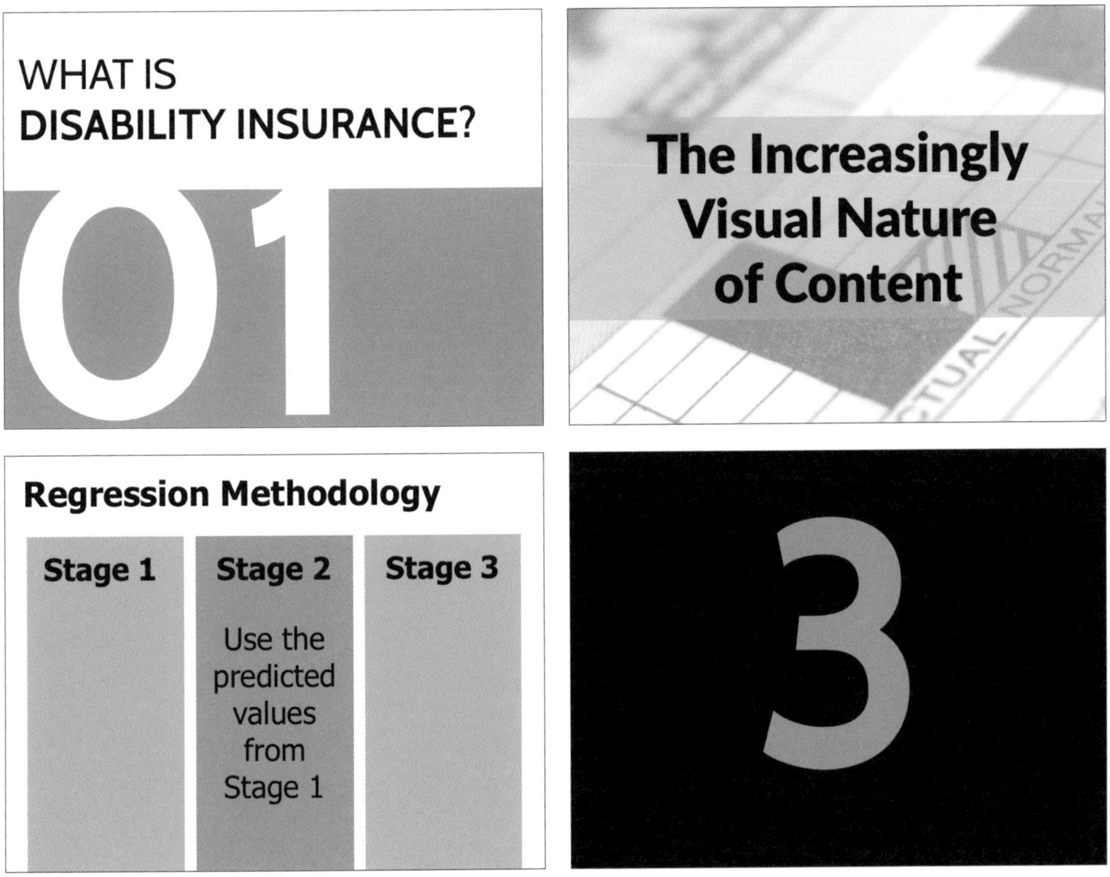

図7.5　ヘッダースライドの例

右上：Kevin Dooley

えてみた（**図 7.4**）。

ヘッダースライド

第 1 章のプレゼンワークシートにしたがっていれば、プレゼン資料はすでにいくつかのセクションに分割されているはずだ。途中のセクションの始めと終わりには、聴衆のための「道しるべ」をつけておくといいだろう。そうすれば、聴衆は発表者の議論を追うことができる。私はこの道しるべをヘッダースライドと呼んでいるが、このスライドは、次のセクションに移動するときに、聴衆の注意をはっきりと導くことによって、聴衆が現在地と目的地を感じ取るのに役立つ（**図 7.5**）。

一般的なヘッダースライドには、セクションのタイトルと、関連する画像またはアイコンが含まれる（これは好み次第）。場合によっては、図形や画像と組み合わせた大きなサイズの数字だけでもいいかもしれない。こうしたスライドを作成するのは難しくないし、聴衆の役に立つはずだ。聴衆というのは、理想的には、発表者が提示する情報を頭のなかで吸収し、整理しようとするものだからだ。本書の参考サイトにはヘッダースライドの実例サンプルがほかにも用意してあるので、ダウンロードして自分用に編集できる。

ヘッダースライドに長々ととどまることはない。たとえば、先行研究についての説明を終えたら、たんに「回帰方法論（Regression Methodology）」のヘッダースライドを見せて、それからこう言えばいい。「これで、この分野の先行研究の要点は説明し終えたので、次に、使用したデータと、そのデータをどのようにして私が考えたモデルに取り入れたのかについて説明します」。ヘッダースライドのもうひとつの利点は、次のスライドのタイトルを省略できることだ。たとえば、「回帰方法論」というタイトルを、試算段階を示す次のセクションのスライド上部に繰り返し示す必要はない。そうすれば、そのスペースが空くので、スライド要素を追加したり、もともとあったスライド要素を大きくしたりできる。

セクションを移行する際に使える戦略はほかにもある。短い動画を流してもいいし、話をしてもいい。あるいは聴衆といっしょに体操をしたり、ひと休みして質問を受けつけてもいい。あるセクションから次のセクションに（たとえば、「データ」から「結果」に）移行しようとしていることを聴衆に知らせるものであれば、どんなものであれ、聴衆の注意をプレゼンの道筋に集中させ続けるのに役立つはずだ。1970 年代の研究によれば、人間の注意力は通常、講義やプレゼンテーションの開始後約

10分で、低下し始める（この結果については、ルース・クラークとリチャード・メイヤーが教育についての著作[14]で取り上げている1970年代以降の研究や、『ブレイン・ルール』[50]の著者ジョン・メディナが支持している）。メディナは、聴衆の関心を10分ごとに引き戻すために「釣り針」を使う。釣り針は「話の脈絡に沿った」[50]ものがいちばんだが、珍しい事例の詳細や逸話なども効果的かもしれない。このような釣り針はプレゼンのペースに変化を与え、聴衆の注意をプレゼンの内容とメッセージに引き戻す。あるセクションから別のセクションへの移行をはっきり示しておけば、聴衆は発表者の話についていきやすくなるだろう。

邦訳122ページ

中断スライド

プレゼンテーションで実際に使われているのをほとんど目にしたことがないが、中断スライドは聴衆の注目を集めるうえでかなり効果的かもしれない。このスライドも簡単につくれる。何も書き込む必要がないからだ。そう、中断スライドとは、何も書かれていない白紙のスライドのことなのだ（**図7.6**）。

プレゼンの途中で、どうして白紙のスライドを映す必要があるのだろうか。プレゼンのあいだ、発表者が延々と話を続けながら、テキストや図表が書き込まれたスライドを次々に見せる場面を想像してみよう。聴衆は少し疲れているかもしれないし、ちょっと退屈しているかもしれない。あるいは、同時にあまりにも多くのことを処理しようとして、自動運転モード――つまり、スライドを見ながら話を聞いてはいるが、頭には何も入っていない状態――に入ってしまった聴衆もいるかもしれない。そんなときは、中断スライドを映すのがいい。中断スライドは聴衆

図7.6　中断スライド

の関心を引き戻すだけではなく――「あれっ、どうして白紙のスクリーンを見てるんだろう？」――彼らの脳を少し休ませることにもなる（いったん脳がその意図を理解すれば）。そしてなによりも、スクリーンには注意を引くものが何も表示されていないので、聴衆の注意はおのずと発表者に向けられることになる。

意図的に別個の空白スライドをそのままプレゼン資料に挿入してもいいし、PowerPoint のスライドショーモードで、「W」キーを押して白画面にしたり、「B」キーを押して黒画面にしたりすることもできる（中断スライドボタンを備えたクリッカー✎もある）。同じキーをもう一度押すと、プレゼンに戻る。

✎スライドを遠隔操作するリモコンのこと。第9章の「機器のセッティングと便利グッズ」の節も参照。

エンディングスライド

プレゼンテーションの終わりが近づいてきた。出だしから、効果的なオープニングストーリーで聴衆を夢中にさせ、話は波に乗った。全体を通して、データと方法論を簡潔明瞭に説明した。時間的余裕を残してエンディングにさしかかると、聴衆に「ご清聴」を感謝し、最後のスライドを映す。そこには、ただ「質疑応答」の文字。この手の「質疑応答」や「ご清聴ありがとうございました」としか書かれていないエンディングスライドを使うと、聴衆に締めのあいさつをするという機会をみすみす逃すことになる。それどころか、いきなりプレゼンの終わりを告げることになってしまう。そのため、質問がある聴衆もいるかもしれないが、帰り支度をし始める人も出てくるだろう。くどいようだが、口頭で話すことのすべてをスクリーンに映す必要はない。たんに口頭で「ご清聴ありがとうございました」や「どんな質問がありますか」と言えば、もっ

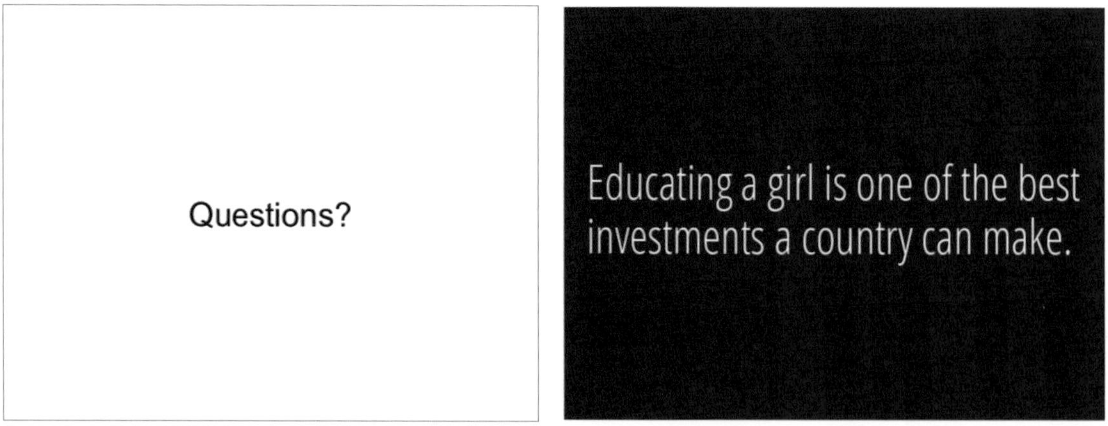

図7.7　中身のないエンディングスライドを生き生きとした締めのあいさつに置き換える

と重要なことのためにスライドのスペースを節約できる。

すでに第１章のワークシートを使って簡潔で生き生きした見出しを作成しているので、ここでそれを使うことにしよう。その見出しの文章をそのままスクリーンに配置するか、画像と組み合わせてみよう。発表者が望むのは聴衆、なかでも質疑応答でかかわった人たちが、頭のなかを締めのあいさつでいっぱいにして会場をあとにすることだ。小さな研究会でのプレゼンの場合は、発表者と聴衆に共通する今後の予定や目標があるだろうから、「今後のテーマ」リストや「すること」リストといったものを表示するのが適切かもしれない（**図 7.7**）。また、エンディングスライドにメールアドレス、Twitter のアカウント名などの連絡先情報を表示してもいいだろう。

プレゼンを別の視点から見る

プレゼンを進めていくうちに、テキストや画像や図表に埋もれてしまって、自分が迷子になっていると感じることもあるかもしれない。PowerPoint を使っている場合は、［スライド一覧］表示（［表示］メニューにある）を使えば、プレゼンの全体を簡単に見渡せる。同様に、Keynote では［ライトテーブル］表示が使える。これらの表示方法では、スライドがサムネイル画像として配置される。こうした一覧表示は、セクションのつながり具合を確認したいときやプレゼンを並べ替える場合、別のプレゼンのスライドを組み入れる場合に役に立つ。この表示方法は、プレゼン資料全体を通して各スライドが一貫した外観になっているかどうかをチェックするのにも有益だろう。多くのプレゼンソフトでは、スライドをグループ化して整理することができる。PowerPoint では、「セクション」を作成することによって、複数のスライドをひとつのグループにまとめられる。Keynote では、複数のスライドを別のスライドの下にインデントしてグループ化することが可能だ。この整理テクニックを使うと、プレゼンのさまざまな部分を簡単に表示し整理することができるので、スライドの数が多い場合はとくに便利だ。

▼▼▼▼▼

次からは、プレゼンテーションの制作から実践に移る。ここまでは、慎重かつ戦略的にプレゼンを立案し、制作してきた。第１章では、プレゼンワークシートを使って、プレゼンの内容を口頭で伝えるにはどうすればいいのか、また論文の内容をそのままスライドに移し替えないようにするにはどうすればいいのか、ということについて検討した。第2章と第3章では、デザインの3つの指針にしたがって、スライド資料全体で一貫して使用するカラーパレットを決定し、フォントをひとつ(か2つ)選択した。スライドには大きな文字のテキストと見出しタイトル、必要に応じて最小限の箇条書きが表示されるようになり（第4章)、グラフは、論文の読者とはかなり異なる見方をするプレゼンの聴衆を考慮したものになった（第5章)。さらに全体を通して、色やフォント、グラフ、画像を改善し、プレゼン資料を見やすくした。これで効果的なプレゼン資料の制作が完了したわけだ。いよいよ、会場に出かけてプレゼンテーションを実施すべきときがやってきた。次章からは、プレゼンの実際について、また持参する必要がありそうなツールについて説明する。

「足場スライド」について覚えておくべき3つのこと

1. 可視化：大きなビジュアル——場合によってはシンプルなテキスト——は、プレゼン内のセクションを分割または導入するための単純なマーカーとして機能する。

2. 統一：プレゼン全体を通して聴衆を導けるように、同種の色やフォント、画像、アイコンを使用すること。

3. 集中：足場スライドは、あるセクションから別のセクションに移行するときに、聴衆の注意を誘導し一点に集中させるのに役立つ。

第Ⅲ部

プレゼンテーションの実施

第8章 プレゼン本番に向けて

ようやくここまで来た。発表内容を練り上げ、骨子を組み立てた。冒頭のあいさつと締めのあいさつをじっくり考え、スライドの全体的な外観を決めた。続いて、テキストが少なく、グラフや画像が多いスライドを制作した。完成したスライド資料に聴衆は魅了され、その説得力のあるメッセージにしたがって行動するようになるはずだ（そうであってほしい）。これですべての作業を終えたことになる。あとは本番に備えるだけだ。

プレゼンテーションの内容とスライドに加え、プレゼンのメッセージに対する聴衆の反応を具体的に方向づけることになるのは、なんといっても聴衆の前に立つ発表者の存在だ。どれだけ多くの時間を費やして分析をおこない、スライドを制作したとしても、最終的に発表者自身が聴衆の前に立って自分の考えを伝えなければ、プレゼンテーションは成り立たない。この章では、プレゼンテーションの準備と本番の戦略について考えてみよう。次の章では、プレゼンの開始前、最中、終了後に留意すべき技術的詳細について検討する。

プレゼンの準備

プレゼンテーションを成功させるために発表者がなすべきもっとも重要なことは、練習だ。練習また練習、練習あるのみ。15分の学会発表なら、1時間に4回練習できる。これはおそらく、学会参加者の誰よりも4回多いということであり、その成果は形となって現れるはずだ。練習をすればするほど、プレゼンの内容が身につくので、リマインダー代わりのテキストや箇条書きは不要になっていく。つまり、練習を重ねれば、スライドにテキストを詰め込むという悪習からも逃れられるというわけだ。

練習とは、机の前に座って、スライドごとに話す内容を静かに考えることではない。練習（「リハーサル」といったほうが的確かもしれない）には、立ち上がって、クリッカーを手にもち、実際に声を出すことが含まれる。仕事場のドアを閉め、電話を黙らせ、メールやソーシャルメディアの誘惑を断つ。最初の2、3回は、思いつきや感想をメモしながら最後までやってみよう。それ以降は、途中で小休止したくなる衝動に負けず、最終リハーサルとして、本番と同じようにやってみること。

練習しているうちに、まとまっていない箇所や話がうまく流れない箇所があることに気づくはずだ。これは、プレゼン資料を見直して、スライドを修正するいい機会だ。数式やデータの説明の仕方、話のつなぎ方などを変えてみるのもいいだろう。忘れてはならないのは、この段階では、かならずしもプレゼン内容に慣れようとしているわけではなく、プレゼン内容を聴衆にプレゼンする方法に慣れようとしているということだ。プレゼンに慣れることとプレゼン内容に慣れることはかなりちがう。なぜなら、序論に述べた金言を繰り返すと、プレゼンテーションは、紙の論文とは異なるコミュニケーション手段だからだ。

練習すれば、発表を最後までこなすのにどれくらいの時間がかかるかを把握することもできる。1時間の予定の講演で、残り時間が5分しかないのに、全部で52枚あるスライドのまだ14枚目を映している——そんな場面を見たことがないだろうか。これはたいてい、発表者の練習不足によるもので、プレゼンテーションを最後まで終わらせるのにかかる時間を予測できていないために起こる。誰しも退屈で刺激のないプレゼンを聴いたことがあるだろう。ようやく終了の時間になったと思ったら、5分過ぎてもまだ終わらない。こうなってしまうのは、多くの場合、質疑応答で厳しい質問を浴びたからでも、機器になんらかのトラブルが発生したからでもない。おそらくは発表者のせいだ。発表者は研究の詳細をすべて提示しようとしたが、事前に練習をしていなかったために、すべての内容を説明しつくすのにどれくらい時間がかかるか見当をつけていなかったのだ。論文の詳細をひとつ残らずプレゼンに詰め込む必要はない。発表内容をはっきり把握していれば、どこでペースを上げたり下げたりできるかがわかるので、スケジュールの遅れなど予期せぬ事態に対応することもできる。10分早く終了したら、会場の誰もが発表者に好印象を抱くだろうが、10分遅れで終了したら、全員が不平をもらすことになる。部屋中の聴衆が、発表者の考えを議論するのではなく、時間の遅れに文句を言っている光景など、想像したくもないだろう。

準備段階では、プレゼンの持ち時間をフルに使うのではなく、それより短い時間を目標に練習しよう。持ち時間が60分ならば40～50分を目指すようにすると、質問に少しでも多くの時間を割くことができるし、聴衆が発言内容にとまどっているようなら、話を戻すこともできるだろう。また、前の講演者の話が多少長引いても融通がきくだろう。一般に、シンポジウムでプレゼンをする場合は、プレゼンの順番に関して、1番目か2番目を希望すべきと考えるかもしれないが、私はむしろいちばん最後を選びたい。ほかの発表者より時間が少なくなるおそれもあるが、私が最後に映すスライド――前章で述べたように、「ご清聴ありがとうございました」または「質疑応答」とだけ書かれたスライドではない――が、質疑応答の15～30分間はスクリーンに表示されたままになる可能性が高いからだ。

練習を重ねていくと、スピーチ中の気を散らす要素（もっともありがちなのは、「ええと」「あのう」「そのう」「まあ」といった言葉）に気がつくだろう。こうした「つなぎ言葉」（ひとつの考えから別の考えへ橋渡しするためによく使われることば）は、聴衆をイライラさせるばかりでなく、発表者がプレゼンの内容を十分に把握していないことを、あるいは自信がないことを匂わせてしまうおそれもある。声の大きさにも気をつけよう。マイクを使わない場合は、空調機器やドアの開閉音にかき消されないくらい大きな声で話す必要がある。部屋のうしろにいる人に話しかけるつもりで声を出すようにしよう。

自分の口癖を見つけて修正するには、練習を記録するのがいちばんだ。動画を撮るのが最適かもしれない。今では、ほとんどのスマートフォンで、とても簡単に動画撮影ができる。簡単な音声録音でも十分だ（私はiPhoneのVoice Memoというアプリを使っている）。たしかに、自分の話し声を聞くのは恥ずかしいかもしれないが、数分もすれば慣れてきて、修正すべき点に気がつき始めるだろう。私は録音した自分の声を初めて聞いたとき、すぐに「ええと」というつなぎ言葉を何度も使っていることに気がついた。それからは、練習を重ねながら、意識して「ええと」と言わないように努力した。

練習を録音すれば、ほかの口癖や長めのつなぎ言葉を発見することもできる。たとえば、統計量を提示するたびに、いちいち「強い」という形容詞を使うとか、ポイントを説明するたびに、かならず「重要なのは」と前置きしてしまう場合などがそうだ。用語や言葉づかいが聴衆にとって適切なのかを確認しておくのもいいだろう（プレゼンワークシートの質問2）。学科のセミナーや研究会では、業界用語や専門用語を使ってもまったく問題ないだろうが、一般人相手に話すときや議会の公聴会で証言するときには、あまり効果的ではないかもしれない。プレゼンの組み立てに関するほかのすべてのことにもいえることだが、聴衆の立場を最優先し、聴衆が自分ほどは論題にくわしくない可能性があることを忘れないようにしよう。

自分の声を録音するもうひとつの利点は、早口になっていないかを確認できることだ。これは、発表者がもっともおかしがちなミスのひとつで、緊張していたり（詳細は後述）、できるだけ多くの内容を伝えようとしたりすると早口になる。認知心理学者マイケル・ゴードンらの研究[34]

によって、成人の場合、あまりに速く提示された情報は思い出しにくいことが明らかになっている（聞き取りには年齢や背景の雑音も大きく影響する）。話すスピードを遅くすれば、聴衆は話を聞きやすくなる。つまり、プレゼン内容について考えることに割けるエネルギーが増えるわけだ。発話速度を落とすには、息継ぎの回数を増やし、何度も小休止を入れ、口調を改めればいい。そうすれば、次の言葉をあわてて探す必要がなくなり、つなぎ言葉に頼らなくてもすむようになる。発話のテンポを、聴衆の理解の向上をねらって意図的に変えてみるのもいいかもしれない。たとえば、議論の核心に向かっているときはスピード（と声量）を上げ、複雑な概念や数式を説明しているときはスピードを落としてみるのもひとつの手だ。

また、遠慮せずに小休止を入れよう。小休止は日常会話でもごく自然なことであり、聴衆に発言内容を吸収する時間を与える。沈黙の効果は絶大で、重要ポイントや結論の前に沈黙を入れると、待たされている聴衆の側に緊張感と期待感が生まれる。私はプレゼンの冒頭で、数秒間何も言わずに立っていることがある。そうすると、最初はこちらに注目していなかった人たちが、何が起こったのかと気にしだすので、多くの場合、聴衆の注意を引きつけることに成功する。

最後に、練習やリハーサルをおこない、準備を進めるなかで、プレゼンにストーリーを導入することを検討してみよう。ストーリーをうまく使えば、論点を強調し、「おみやげメッセージ」の印象を強めることができる。私は以前、同僚の模擬プレゼンに出席したことがある。演題は「低所得家庭から見た政府福祉制度の現実」だった。彼女は標準的な学術発表のスタイルにしたがって、データ収集、計算方法、分析結果の順に話を進めていった。終了後、私たちはプレゼンに対するフィードバックを返した。すると、彼女とその研究チームのメンバーは、調査した家庭から聞いたいくつかのストーリーを語ってくれた。市内バスを乗り継いで役所にたどり着くことのたいへんさや、あちこちの保護施設をたらいまわしにされたこと、子どもを学校に通わせることにまつわる苦労話、などなど。どのストーリーも興味深くて感動的だった。プレゼンテーションをどのように改善すべきかは明らかだった。「そういったストーリーから始めればいいじゃないか！」と私は言った。実体験にもとづくストーリーこそが、表やグラフや箇条書きではおよびもしない方法で、彼女たちの研究の価値と重要性を伝えたのだ。

たとえば、政治家は聴衆と個人的つながりを築くことの重要さを知っているが、学術的な場でプレゼンをする研究者はそうすることの大切さを忘れがちだ。ストーリーは聴衆と感情的なレベルでつながることに役立ち、話し終えたあとも長く聴衆の心に残るだろう。研究テーマに興味をもった理由と経緯に関するストーリーや、研究の途中で直面したデータや調査をめぐるトラブルや苦労にまつわるストーリーは、プレゼンに刺激を与え、聴衆の感情を引きつけるのに役立つ。

ストーリーはプレゼンの文脈に合わせるべきだ。目的のないストーリーやプレゼン内容に関係のないストーリーを押しつけないこと。また、ストーリーは長すぎないようにすること。ストーリーを使って論点を明確にしたり、裏づけたりしたら、さっさと次に進もう。ストーリーの内容を仕事関連のできごとに絞る必要はない。家族や友人との経験、本で読んだことやテレビで見たこと、同僚の仕事など、そのどれもがプレゼンに使えるストーリーだ。

要するに、練習しかない。プレゼンの練習を何度も繰り返すことが重要なのだ。練習を重ねるにつれて、プレゼンテーションはどんどんよくなっていく。練習では、持ち時間の 70 ～ 80%で話し終える準備をしておこう。そうすれば、質疑応答の時間がもてるだろうし、進行が遅れ気味でも臨機応変に対処できるだろう。プレゼンを録音または録画して、つなぎ言葉の有無や頻度をチェックし、言葉づかいが想定した聴衆のレベルに見合ったものかを確認しておこう。あまりにも速いスピードで話していないかどうかも確認しよう。プレゼンにストーリーを組み込んで、聴衆が研究内容に関心をもつように仕向けよう。

プレゼンの実行

緊張をほぐすには、練習を何度も繰り返すのがいちばんの方法だ。しかし、練習で不安を完全に取り除けるわけではない。プレゼンをおこなうときに緊張するのはいたって自然なことであり、好ましいことでさえある。プレゼンがうまくいくことを、発表者自身がきちんと気にかけている証拠だからだ。だから、緊張自体はけっして悪いことではないが、緊張しすぎると、聴衆に自信がないような印象を与え、発表内容の信頼度を下げてしまうことがある。

その緊張感とは、体内で起こっている「闘争・逃走」反応にほかならない。この反応はアドレナリンの急増によってもたらされるもので、脳の視床下部で制御されている。呼吸が速くなって、瞳孔の拡張と筋肉の収縮を引き起こし、姿勢を保持できずに前かがみになってしまう。これはからだの自然な化学反応の一部なので、緊張を簡単に「制御」することはできないが、自分を落ち着かせる方法はいくつかある。

- まずは、慣れ親しんだ場所に戻ってみること。もちろんそれは、練習だ。プレゼンの前日までは、自分でコントロールできることをやっておこう。プレゼン資料に丹念に目を通しておけば、間違ったらどうしようと気に病む必要も減るだろう。

- 両腕を伸ばして深呼吸すること。そうすれば、視床下部で弛緩《しかん》反応が起きる。ハーバード・ビジネススクールの社会心理学者エイミー・カディらは、こうした「力のポーズ」（ほかにも、両腕を頭上に上げる、両腕を胸の前で交差させる、などのポーズがある）をとることによって、化学的生理機能が変化し、落ち着きと自信が得られることを明らかにした[17]。
- 早めに到着すること。プレゼンの予定時刻よりも早めに会場に到着しておけば、機器の不具合や忘れものなど、不測の事態が発生しても対処できるので、安心できる（これについては次章で詳述）。あわてて機器をセッティングし、あとはプロジェクターとパソコンをつなぐだけという段になって、適合するアダプターがないことに気づく――これほど最悪な事態はない。
- からだを動かすこと。散歩やジョギング、あるいはジムへ行くのもいい。ストレッチ、ヨガ、瞑想《めいそう》なども試してみよう。こうした活動も、からだの化学反応を変え、不安を軽減するのに役立つ。
- プレゼンテーションを始めから終わりまで、頭のなかでイメージしてみよう。心理学者のジェイムズ・ドリスケルらは、3200人あまりの被験者を対象にした35件の研究を再調査した結果、静かにじっと座って、作業をうまくこなしている自分の姿をイメージしてみるだけで、作業結果が大幅に向上することを明らかにした[20]。

緊張していると、プロジェクターの不具合や室内の寒さ、全体的な時間の遅れなど、自分が謝る必要がないことについても謝ってしまうものだ。とりわけ自分ではどうしようもできない現実（主催者や聴衆の期待など）に対しておわびをしてしまうと、プレゼン自体が否定的な雰囲気を帯びてしまう。こうしたことは、プレゼンを始めるにあたって、聴衆に感じさせるべきではない。プレゼンの内容と方法に自信をもとう。もちろん、プレゼンテーションが聴衆にまったく受けなかったり、スライド資料がメッセージを効果的に伝えていなかったり、聴衆が考えを認めてくれなかったりすることもあるだろう。何が起きてもおかしくはないが、出だしから、みずから墓穴を掘るようなことはしないでおこう。発表者が自分の考えと発表内容に自信をもっていれば、聴衆は話についていきやすくなるだろう。

緊張が止まらなければ、プレゼンが始まる前に聴衆のうちの何人かと会話をしてみるという手もある。自己紹介をして、どんな研究に関心があるのか尋ねてみよう。一対一の会話は、会場全体に向かってプレゼンするよりも簡単なので、気持ちを落ち着かせられるだろう。プレゼンテーションが始まる前に個人的なつながりを築いておけば、プレゼン中にちょくちょくアイコンタクトをとることもできる。発表者の最終目標は聴衆とつながることであり、プレゼンの前に聴衆と個人的に会話をしておけば、こうしたつながりを育む、いいきっかけになるだろう。

感情の問題

聴衆は発表者の感情をふと感じ取ってしまうものだ。発表者が自信をもっていれば、聴衆は発表者と発表内容を信用しやすいだろうし、緊張していたり自信がなさそうだったりすれば、その内容を受け入れないかもしれない。発表者が同じ話をすでに100回も繰り返していて、話している内容にみずから飽きてしまっているなら、おそらく聴衆も同じように退屈するだろう。聴衆の多くは発表者のプレゼンを初めて聞くことになるだろうから、あらんかぎりの熱意と自信をもって、メッセージを伝えるべきだ。忘れてはならないのは、発表者がどこにいてどう感じていようと、プレゼンは発表者のためではなく、聴衆のためにあるということだ。

スライドを除けば、注目が集まる対象は発表者しかない。スライドは単純明快で、プレゼン内容とすっかり一体化しているはずだから、聴衆はスライド上の各要素を読んだり見たりすることよりも、発表者のほうを見て話を聞くことに多くの時間を費やせるはずだ。というわけで、ここからは、プレゼン中の立ち位置や自己アピールの仕方について少し考えてみよう。

ほとんどの人がPowerPointのデフォルトのカラーパレットやテンプレートを使うのと同じように、一般に、スライドが舞台中央のスクリーンに映される場合は、立ち位置に関してもデフォルトの設定をそのまま踏襲する傾向がある。つまり、スライドが舞台中央のスクリーンに映される場合、舞台袖に置かれた演台のうしろに立つというやり方だ。このデフォルトの設定では、とくにパソコンを演台の上に置く場合は、発表者と聴衆のあいだに物理的な壁ができてしまう。そこで、スライドではなく、自分自身に注目が集まるように立つことをおすすめしたい。これはつまり、基本的には、部屋の中央に立ち位置を確保するか、スクリーンの脇に立つようにするということだ。早めに会場に到着した場合は、主催者と協力して演台を移動させるとか、演台を小さなテーブルや椅子と交換してもらい、そこにパソコンを置くという手もある。さらに、自分が演台のうしろではなく演台の横に立つという単純な方法も使える。パソコンは必要に応じて自分のほうに向ければいい（そうすれば、スライドやメモを見られる）。パソコンを設置するときは、コードの配線やメモの置き場所に注意しよう。床を横切って延びる電源ケーブルにつまずいたり、メモを床に落としたり、といった事態は避けたいところだ。忘れてはならないのは、これは、準備に膨大な時間を費やしてきたあなたのプレゼンだということだ。だから、舞台を本番でもっとも快適に感じられる配置にしておこう。

プレゼン中は、どのようにして平常心を保つか、また、どのようにして聴衆とかかわるかに留意すること。具体的には、以下のことに注意しよう。

- きちんとした姿勢を保つこと。背筋を伸ばし、胸を張ろう。カディをはじめ、さまざまな分野の研究者による調査によれば、そのような姿勢で立つと自信がもてるようになり、聴衆は発表者のその立ち姿を見て、自信満々だと感じる（カディは『Presence〔プレゼンス〕』[18]のなかで、こうした研究の数々について論じている）。とはいえ、このことは考えすぎないほうがいいだろう。自分の立ち位置や手の置き場所、あるいは視線を会場全体に送れなかったということについては、それほど心配することはない。快適にプレゼンを進められるように、自分で最良の判断をすればいいのだ。発表者の気分がよければ、それに応じて聴衆の気分もよくなるだろう。
- 最適なマイクの設置場所を見つけること。これはとくに、ラペルマイクとも呼ばれる小型マイクを使う場合に重要になる。このマイクは、マイク本体をシャツやジャケットに固定し、送信機（通常はひと組のトランプほどの大きさと厚み）をポケットに入れるかベルトに固定するタイプのものだ。音響スタッフと話し合って、最適な設置方法を見つけよう。ハンドマイクを使う場合は、どちらの手でマイクをもち、どちらの手でクリッカーを使うかを決めておくこと。
- 笑顔を見せて、楽しんでいることをアピールしよう（実際に楽しければ、それに越したことはない！）。笑顔はストレスを減らし、心拍数と血圧を下げる効果があることが、これまでの研究で明らかになっている。また、表情は伝染する傾向があるので、発表者がにっこりほほえんでいれば、聴衆も笑顔を返してくれるだろう。そして、自分の個性を輝かせよう。プレゼンはコミュニケーション手段のひとつなのだ。発表者が魅力的であれば、聴衆はその研究にも興味をもち、研究内容を受け入れやすくなる。
- ちょっとした自然なジェスチャーを活用しよう。スペースがあれば、歩いてみるのもいい。ただし、明確な意図をもっておこなうこと。ほんの数歩でもよいが、だらだら歩かないように。遠慮なくスクリーンのところまで歩いていって、スライドの一部を指し示してみよう。私はスライドの重要ポイントを強調するのに、矢印や円、太字を使うことが多いが、ときにはスクリーンに近づいて、重要な数字や要素を指すだけでも効果はある。

▶ きちんとした身なりをしよう。カジュアルな時代に生きている私たちにとって、フォーマルな服装をすべき場面とカジュアルな服装でかまわない場面を見きわめるのは難しいかもしれない。プレゼンテーションの主催者にドレスコードを確認し、それにしたがうこと。不確かなときは、あえてフォーマルな服を選ぼう。聴衆よりもフォーマルな服装をしていれば怪しまれることはない。そうでなければ、非難の目で見られるかもしれない。とくにフォーマルな場所でプレゼンテーションをする場合は、かさばるカギの束や携帯電話をポケットから取り出して、安全な場所に置いておこう。携帯電話を身につけている場合は、かならずマナーモードにしておくこと。

▶ アイコンタクトを絶やさないこと。会場のひとりひとりと目を合わせるよう心がけ（とくに小さな部屋の場合）、聴衆には自分だけに話しかけられていると感じさせよう。対話をしているような気になるので、聴衆は自然に引きつけられるだろう。

▶ 最後に、どうすれば聴衆に、彼らもプレゼンテーションの一部として欠かせない存在であることを実感してもらえるかや、その主題を受け入れてもらえるかについて考えてみよう。姿勢を正して、アイコンタクトを絶やさないことはもちろんだが、長めのプレゼンテーションでは、聴衆に何かをしてもらうようにすると、メッセージが伝わりやすくなる場合もあるかもしれない。聴衆に両手を上げてもらったり、質問の回答を声に出してもらうだけでも効果がある。また、Twitter などの SNS を使って質問を出してもらったり、アンケートに答えてもらったり、意見を出し合ってもらったりしてもいいだろう（これは、プレゼンがライブストリーミングされている場合など、実際に会場に来ている人たち以外にも共有されている場合に、とくに効果がある）。その場合は、スレッドを見つけられるように、ハッシュタグなどの識別子を忘れずに伝えよう。

▼ ▼ ▼ ▼ ▼

プレゼンテーションの中心は、スライドではなく、発表者自身だ。本書の大部分は、スライドを改善する方法（テキストを減らし、ビジュアルを増やす）に割かれているが、結局のところ、発表者とその研究こそがプレゼンの核心なのだ。だから、かならずプレゼンテーションの練習をしてほしい。自分で実施した回帰分析の結果を知っていることと、その成果を聴衆に口頭で伝える方法を知っていることとは同じではない。練習をすることで、つなぎ言葉を使わなくなったり、スライドに強調したい論点や伝えたい数字をすべて記載しておく必要がなくなったりするという効果も期待できる。これで、聴衆を研究に引きつける、効果的なプレゼンテーションを実行する準備が整った。

「プレゼン本番」について覚えておくべき3つのこと

1. 可視化：プレゼン発表をみごとにこなしている自分の姿をイメージすること。いろいろなリラックス方法を取り入れ、神経を落ち着かせること。

2. 統一：プレゼンの内容、発表者の身なりや姿勢、プレゼンで話す予定のストーリーなどを、一貫したテーマでまとめ上げること。

3. 集中：とにかく、何度も繰り返し練習すること。本番同様のリハーサル形式での練習にある程度の時間をかけ、集中して取り組むこと。

第9章 セッティングの重要ポイント

10年前でさえ、ほとんどのプレゼンに必要なのは、発表者と演台、聴衆だけだった。以前は、黒板やオーバーヘッドプロジェクター（OHP）を追加するだけでも、ひと苦労だったのだ。しかし現在は、簡単なプレゼンでさえも、パソコン、プロジェクター、さまざまなコード類、クリッカーなど、数々の機器類を必要とする。必要なものや、起こりがちな一般的な問題点を意識しておくことこそ、恐るべきセッティングトラブルに対する最善の防御だ。プレゼンテーションのセッティングに関するこまごまとした準備を事前に済ましておけば、万事が期待どおりに、すべてがこの上なくスムーズに進んでいるように見えてくる。この章では、発表者用のメモの使い方から、聴衆に資料を配布するかどうかの判断、パソコンを接続するために必要なケーブル類の種類を知ることまで、プレゼンをよどみなくおこなうために必要な最終段階の細部について説明する。

メモを使う

スライドの箇条書きをカンペ代わりに使うことに慣れている方は、いつもよりテキストが少なく画像が多めのスライドを使うと、重要な論点を言い忘れてしまうのではないかと不安になるかもしれない。プレゼンソフトの［ノート］機能を使ったり、紙やインデックスカードにメモを書き写したりしておけば、こうした不安を和らげられるだろう。メモをタブレットや携帯電話に保存している発表者もいる。プレゼンのハウツー本を読むと、紙のメモは使うな、という忠告を見かけることがある。リマインダーに頼っていることを聴衆に気づかれるべきではない、というのだ。しかし私なら、いくら気取らず即興でしゃべっているように見えても、重要な論点を言い忘れてしまうくらいなら、メモを使ってでも心配をなくすほうを選ぶ。

私はデジタルのメモをよく使う。プレゼンソフトにはたいてい［ノート］機能が備わっていて、PowerPointにもKeynoteにも、スライドの真下にメモ用のウィンドウがある。この機能を使うと、発表者がメモを参照しても聴衆にはバレない。インデックスカードを使うよりも、パソコンのノート機能のほうがなにかと便利だろう。

ほとんどのプレゼンソフトと同じく、PowerPointでは、［発表者ビュー］（［表示］メニューからアクセス可能）に、現在選択中のスライド、次のスライド、下部のメモ用スペースが表示される。聴衆に見えるのは、選択中のスライドだけだ。また、モニター画面にタイマーを表示させれば、プレゼンの進行状況を確認できる。たとえば、事前に練習していれば、プレゼン開始から20分後には「途上国における女子教育の課題」セクションに入っている必要があることを知っているだろう。もし20分後に別のセクションにいる場合は、ペースを調整できる。プロジェクターに接続せずにパソコンで発表者ビューを見たい場合は、オペレーティングシステムかプレゼンソフトの設定を変更する必要があるかもしれない。

残念ながら、［ノート］機能を使用すると、どうしてもパソコンに頼らなくてはいけなくなる。会場によっては、発表者の立ち位置から離れた場所にパソコンが設置される場合もあるかもしれない。あるいは主催者側が、発表者全員のプレゼン資料を施設のパソコンに転送することを希望し、設定済みのモニターの使用を強いる、という事態も想定できるだろう。この場合、設定済みのモニターが［ノート］機能に対応していなければ、やっかいなことになる。こうした問題がひとつでも発生した場合の安全装置として、スライドのメモを別の形で使えるようにしておくのも悪くない考えだ。たとえば、紙に印刷するか書き出す、携帯電話に入れておくなどの方法が考えられるだろう。しかし覚えておいてほしいのは、練習すればするほど、メモに頼る必要性はなくなる、ということだ。

アナログであろうとデジタルであろうと、メモは短く簡潔に。メモがあれば、プレゼンの流れや重要な論点を確認できる。また、メモなら箇条書きにしても大丈夫だ！　ただし、ポイントを確認するためにパソコンのモニター画面や手にもったインデックスカードをちらっと見る分にはかまわないが、メモに頼りすぎて、文章をそのまま読み上げてしまうのはどうかと思う。用意したプレゼンの読み原稿を朗読してしまうと、スピーチがロボットみたいにぎこちなく聞こえてしまう可能性があるばかりか、発表内容に自信がないように思われてしまうおそれもある。また、下を向いて話すことになるので、聴衆と目を合わせられず、かかわりが薄くなるという弊害もある。会場が狭い場合や学会での発表、雰囲気が堅苦しくない場合は、このことがとくに問題になる。そうした場で原稿を読み上げると、聴衆との自然な交流が妨げられてしまう。場合によっては、プレゼン原稿の読み上げがうまくいくこともあるが（たとえば、米国大統領の一般教書演説）、一般の発表者にとって、この方法はあまりにも格式ばっており、人間味に欠ける。

アスペクト比

アスペクト比（横と縦の比率）は、プロジェクターに映したスライドの見え方に大きな影響をおよぼす。多くのプレゼンソフトでは、**図 9.1** 左のようにスライドのアスペクト比が「4：3」に設定されている（横幅が縦幅の 1.33 倍の長さ）。このサイズは、アナログテレビの標準画面サイズにもとづいている。従来型のプロジェクター（会議室のテーブルの上に置かれていたり、教室の天井に取りつけられたりしているプロジェクター）であれば、たいていは 4：3 の比率だ。しかし、最近のプロジェクターやワイドテレビ、パソコンの大型モニターは、アスペクト比が「16：9」のものが多い（横幅が縦幅の 1.78 倍）。たとえば、PowerPoint 2013 や 2016 では、デフォルトのスライドフォーマットが 16：9 に変更されている（図 9.1 右）。Keynote では、プレゼンテーションを新規作成するときに、標準かワイドか、フォーマットを選択できる。

スクリーンに映されるスライドの全体的な外観は、スライドのアスペクト比と使用するプロジェクターによって決まる。現在はワイドタイプのプロジェクターやスクリーンへの移行が進んでいるため、スライドは 16：9 のフォーマットで作成したほうがいいだろう。主催者にプロジェクターの種類を教えてもらえれば、それに越したことはないが、残念なことに、いつも可能とはかぎらない。とはいえ、16：9 のスクリーンに 4：3 のスライドを表示しても、致命的というほどではない。その場合は通常、スクリーンの左右の端に「ピラーボックス」と呼ばれる黒の縦

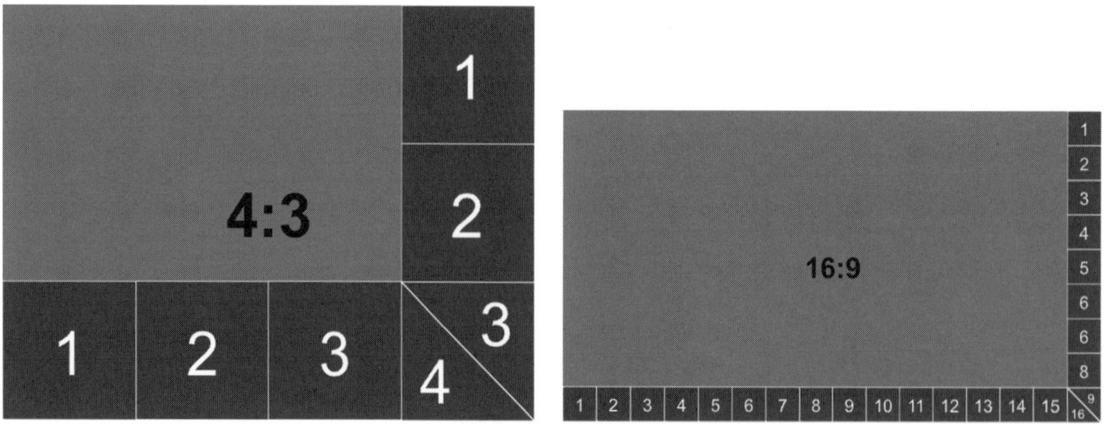

図 9.1　一般的なスライドのアスペクト比

左は 4：3、右は 16：9（Presentitude, 2014[61] をもとにアレンジした）

線が出る。4：3の画面に16：9のスライドを表示する場合は、スクリーンの上下に「レターボックス」と呼ばれる黒の横線が入る。このどちらかの状況に陥った場合は、それを受け入れて先へ進むこと。プレゼン開始直前にあわててスライドを編集するようなことはやめておこう。ほとんどの人は気にしないだろうし、スライド自体が魅力的で視覚に訴えるものであればなおさらだ。

スライドのアスペクト比を4：3から16：9に、またはその逆に変換する時間的余裕があっても、アスペクト比を変更するだけでは、画像が引き伸ばされて、スライドのレイアウトがゆがむことがある。PowerPointの最近のバージョンでは、画像をそれほど引き伸ばさないようになっているが（それでも、マスタースライドの背景画像は引き伸ばされる）、その代わりにスライドの左端と右端にスペースが追加されるので、多少の調整が必要かもしれない。一部のツール（と古いバージョンのPowerPoint）では、スライドのアスペクト比を変更すると、画像が引き伸ばされることがある。**図9.2**のように、左のスライド画像に白い円を加えてアスペクト比を変更すると、右のように画像が引き伸ばされる。新しいレイアウトでゆがんだ画像を調整するには、新しいプレゼンファイルを作成し、各画像を古いファイルから新しいファイルにコピー&ペーストする。あるいは、各画像のアスペクト比をもとの大きさに戻しても、ゆがんだ画像のサイズを調整できる（PowerPointでは、画像を右クリックして［配置とサイズ］メニューを選択すると、画像のサイズを簡単に変更できる。次に［高さ］ボックスを上下に一度ずつクリックする。［縦横比を固定する］チェックボックスがオンになっていれば、目盛を1段階上げてからもとに戻すと、画像が固定される。Windowsのパソコンでは、画像の編集が終了してもダイアログメニューが閉じないので、引き続きそのままの状態で、次の画像へすばやく簡単に移

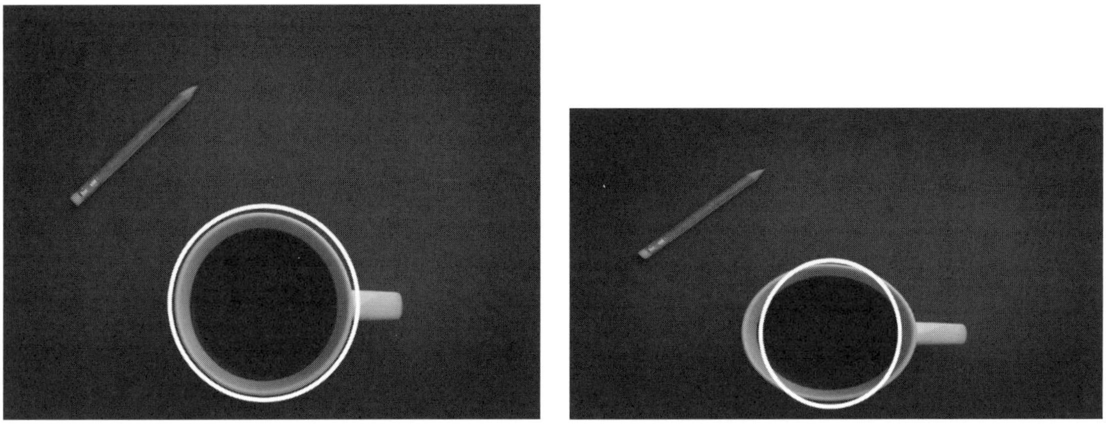

図9.2　画像を4：3から16：9に変換すると、画像が引き伸ばされたりゆがんだりする

写真：Padurariu Alexandru（Unsplash.com）

動できる)。画像のアスペクト比を変換するには、Resize🌐、Photoshop、iResizer などのプログラムも使える。

🌐http://pptools.com/resize/index.html

機器のセッティングと便利グッズ

もちろん、スライド表示に自分のパソコンが使えない会場もあるだろう。そのような会場では、多くの場合、スライド資料を施設の中央コンピューターに転送することになるが、ファイルのサイズによっては(とくに画像や動画を含む場合は)、転送するのが難しい場合もあるかもしれない。現在は、Box、Dropbox、Google ドライブ、OneDrive といったクラウドベースのストレージサービスを利用することで、大きなファイルの共有も簡単にできるようになってきている。プレゼンテーションが始まる前に時間的余裕がある場合は、外付けハードディスクや USB メモリーを使ってファイルを転送することもできる。ファイルの共有に使った技術が何であれ、主催者にざっとチェックをしてもらい、問題がないか確認しておこう。

早めに会場に到着すれば、あせることなく、スライドが期待どおりに映るかどうかをテストしたり、解像度に問題がないか確かめたり、自分と機器のこまごました準備をしたりできる。自分の立つ位置やパソコンの配置をじっくり考えることもできるだろうし、その他の必要品をチェックし準備する余裕も生まれる。今後のことを考えて、前もってどんな環境にもなるべく対応できるようにしておきたいなら、以下のものをそろえておくといいだろう。

1. **プロジェクター用アダプター:** 以前のパソコンは、VGA (Video Graphics Array) ケーブル (端子の形が台形で 15 ピン) を使ってプロジェクターに接続するものが多かった。しかし、最近のパソコンは、HDMI (High-Definition Multimedia Interface)、DVI (Digital Visual Interface)、USB (Universal Serial Bus)、USB Type-C など、あらゆる種類の高解像度アダプターを使ってさまざまなプロジェクターやテレビに接続できる。こうした高解像度対応のアダプターは、高解像度スクリーンやプロジェクターの普及にともない、急速に標準化されつつある (Apple 製パソコンや最近の PC には、VGA ポートがない)。パソコンに接続するプロジェクター (最近のプロジェクターは、VGA と HDMI の両方の出力端子を備えたものが増えてきている) やテレビは、すでにケーブルにつないであるはずだ (この点については、プロジェクターとプロジェクターからのケーブルの両方が用意されていることを期待するしかない。プロの講演者のなかには、トラブルを避けるために自分でプロジェクターを持参する人もいる）。プロジェクターをパソコンに接続できるかどうかは、そのパソコンで使えるポートによっても決まるので、自分のパソコンで必要なタイプのポートが使えるかどうかを事前に確認すること。たとえば、パソコンにHDMIポートしかない場合は、念のためVGA-HDMI変換アダプターを購入しておこう。アダプターにはさまざまな形やサイズがあり、多種類の端子をひとつのアダプターにまとめた製品もある。アダプターの価格は、5～50ドルくらいのものが多い。

2. **延長コードと電源アダプター：**会場に用意してあるプロジェクターのケーブルが短すぎて、パソコンを設置したい場所まで動かせない場合もあるかもしれない。そのような場合は、延長コードを用意しておけば、希望どおりの場所にパソコンを置いて、スムーズに操作できるだろう。延長コードは10ドルほどだが、パソコンの入出力端子の種類によっては、もう少し高いかもしれない。また、海外に出かけるときは、その国に見合った電源アダプターが別途必要になる場合もある。
3. **クリッカー：**これはスライドを進めたり戻したりするリモコン機器だ。何も書かれていない白または黒の画面を表示する「中断」ボタンがついているものもある。レーザーポインターを所持している人も多いが、本書で繰り返し述べているメッセージ――スライドから不用品を取り除いてシンプルにし、強調する場合は、色、円、矢印などの要素を使用する――を受け入れてくれた方には必要ないだろう。しっかりしたクリッカーは40ドルくらいからある。クリッカーはたいていUSB経由でパソコンと通信するので、自分のパソコンを使わない場合は、使う予定のパソコンにUSB機器を接続できるか確認しておこう。
4. **電池：**予備の電池をいつもカバンに入れておこう。ここぞというときにクリッカーが電池切れで動かなくなることもあるからだ。私もプレゼンの最中に一度だけ経験したことがある。備えあればなんとやら、などと利いたふうなことを言いながら、新しい単3電池2本を取り出して、ことなきを得た。
5. **電源延長コード：**私はプレゼン前夜にノートパソコンのバッテリーを充電しておくことが多いが、1日がかりのワークショップを開くときや、プレゼンの前にバッテリーを充電できない場合は、延長コードを持参する。バッテリーの減りが早い古いパソコンを使っている場合は、とくに注意が必要だ。
6. **オーディオ延長ケーブル：**プレゼンで音声または音声つきの動画

を使用する予定なら、オーディオ延長ケーブルを用意しておくことをおすすめする。プロジェクターに付属のケーブルが短い場合や、会場に別の音響システムが備わっている場合もあるからだ。念のため、メスコネクタ（もとのケーブルに接続）とオスコネクタ（パソコンに接続）のついた延長ケーブルを用意しておこう。価格もそんなに高くなく、通常10ドルもしない。

7. **ポータブルスピーカー：**音声つきのプレゼン資料を使う場合は、部屋がそれほど広くなければ、小型のスピーカーを持参するという手もある。小型のポータブルスピーカーは、手ごろな価格で入手でき、音質も悪くない。

8. **サージプロテクター：**電力サージが心配なら、きちんとしたサージプロテクターを用意しておこう。それほど高価なものでもないし、ほかの発表者も同席しているシンポジウムなどの場合は、ポートが複数あるタイプのプロテクターを持参していれば、喜ばれるにちがいない。

電気回路などに生じる瞬間的な電圧上昇のこと。原因はさまざまで、結果的に機器に損傷をもたらす可能性もある。

9. **USBドライブ：**もしもに備えて、プレゼン資料をUSBドライブにバックアップしておこう。私はプレゼンファイルをPowerPointとPDFの両方の形式で保存しているので、ほかのパソコンでも問題なく実行できる。もし標準以外のフォントを使っていて、そのフォントをPowerPointファイルに埋め込んでいない場合は、PDFファイルに変換しておけば、ほかのシステムでも問題なく表示されるので、これがいちばん確実な方法だ。クラウドストレージを使ってファイルをバックアップすることもできる。

USBメモリーなど

10. **テープ：**会場によっては、各種のコードやケーブル（マイク、電源、VGA、HDMI、オーディオなど）がテーブルや演台の端から垂れ落ちて、パソコンから外れてしまうことがある。発表者が立つ床の上をコードが横切っていたりすると、危険な（場合によってはコミカルな）状況が生まれるかもしれない。研究職につきもののこうした危険に対処できるように、マスキングテープを用意しておこう。

11. **ホワイトボードマーカーやチョーク：**会場によっては、ホワイトボードや黒板が使えるところもあるだろう。教師の方なら板書に慣れているだろうから、遠慮せずに使ってほしい。とくに質問に答える際は、ボードが役立つことも多いだろう。しかし、手に取ったホワイトボードマーカーが書けなかったり、黒板まで歩いて行ったのにチョークが見つからなかったりしたのでは、逆にストレスになる。だから、ボードに書くことを予定しているか、機会があればそうしようと思っているなら、カバンにマーカーやチョークを何本か詰めておこう。

これらのプレゼンツール一式は、100ドルほどでそろえられる。ポータブルスピーカー、サージプロテクター、延長コードなどは必要ない発表者も多いだろうから、その場合はもっと安くすむ。

すべての設定が完了したら、少し時間をかけて、使っているパソコンを「プレゼン準備完了」状態にしよう。パソコンをインターネットに接続していると、メールの受信通知やTwitterやFacebookからのお知らせ、ソフトウェアのアップデート通知など、あらゆる種類の邪魔が入ってくることになってしまう。これに対するシンプルな解決策は、プレゼンテーションが終了するまでインターネットの接続を切っておくことだ。ただし、デモ（実演）をおこなう場合や動画をストリーミング配信する場合など、プレゼン中も接続が必要な場合があるかもしれない（私がなるべく自分のパソコンに動画をダウンロードしておくのは、こうしたインターネットへの依存を避けるためだ。第6章を参照）。また、どうしても必要なプログラム以外は、すべて終了させておこう（たんにウィンドウを最小化するのではなく、本当に終了させること）。さらに、パソコンによっては、使用していない時間（たとえば、質疑応答の時間）に勝手にシャットダウンしたりスリープ状態になったりしないように、電源設定を調整しておく必要があるかもしれない。それから、プレゼンが始まる数時間前にはパソコンを起動しておくことをおすすめする。パソコンが自動的にアップデートのインストールを始めてしまい、その処理にかなりの時間がかかる場合があるからだ。聴衆が次々と会場に入って来ているときに、パソコンの前にじっと座って、パソコンがアップデートを終えて再起動するのを待っていたくはないだろう。また私なら、プレゼンの開始前に全部のスライドをすばやくクリックして、すべてが期待どおりに表示されるかどうか、アニメーションと動画が意図したとおりに動くかどうかを確認する。

プレゼンを聴きに来る人たちの文化にくわしくなっておこう。初めて訪れる国の場合もあるだろうし、ある分野に特化した会社の社内会議で話す場合もあるだろう。その文化はどのようなものか？　発表者の話をさえぎって質問し始める人たちか？　時間にルーズな人たちか？　1日がかりの学会や研究会であれば、軽食やお祈りのために長めの休憩が必要か？　昼食をとりながら話し合いや会議をする習慣はあるか？　うまくいけば、主催者との会話のなかで、聴衆のことを念頭に置いた、この手の質問の答えを聞き出せるかもしれない。繰り返しになるが、会場到着前の準備が整っていればいるほど、起こりうる問題を予測したり、自分の経験に照らして微調整できるようになる。

プレゼンテーションのオンライン配信

オンラインでの会議やプレゼンテーションは、かなり一般的なものになってきている。ルース・クラークとリチャード・メイヤーの調査によれば、パソコンを使ったすべての教育訓練の割合は（CD、イントラネット、インターネットを含む）、2001年の11%から2010年には40%近くまで増加した[14]。プレゼンテーションや教育プログラムのオンライン配信は、実際に聴衆と向き合って話す場合といくつかの点で異なる。オンラインでは、どうしても聴衆との双方向的なつながりが少なくなってしまうからだ。聴衆の反応を読んだり、質問にすばやく答えたりできないし、冗談を言っても笑い声は聞こえない。聴衆の側でも、対面のランチセミナーなら、居眠りしたり携帯電話を見たりするのは気が引けるだろうが、仕事場にひとり座ってウェビナー✎に参加している場合は、メールをチェックしようが、インターネットを閲覧しようが、何も恥ずかしがる必要はない。

✎インターネットで配信されるセミナーのこと。Webセミナー。

こうした双方の交流と注意の集中にかかわる問題をなんとかしようとして、ウェビナー環境に合わせてスライドを修正しようと考える人もいるかもしれない。たとえば、スライドにテキストを入れて、それを聴衆に読んでもらえば、ウェビナーの内容に注目してもらえるのではないか。しかし、注意散漫にかかわるルールはここにも当てはまるので、聴衆の注意をつねに引き続けるようにしなければならない。今からしばらく黙っているので、そのあいだにスライドを読んでください（あるいは、からだを動かしてください）と伝えるのも悪くないだろう。ウェビナー中に、休憩をとってからだを動かしてもらったり、質問をしたり（それから、聴衆に話をしてもらったり、チャットボックスを使ってもらったり）するのは、聴衆との関係を深めるうえですばらしい戦略だと思う。

プレゼンを始める前に、ウェビナーのプラットフォームで一度スライドをテストしておくことを強くおすすめする。ウェビナーツールのなかには、標準以外のフォントや高解像度の画像をうまく描画できないものがあるからだ。ウェビナーを何度も開催する予定なら、高品質のヘッドフォンとマイクを用意したほうがいい。私はBlueのマイクが好きだが、ほかにもよい製品が数多く市販されている。

オンライン配信のプラットフォームはいろいろとあるが、Adobe Connect、Googleハングアウト、GoToWebinar、Skype、Webex、Zeetingsあたりがよく知られている。インターフェースのレイアウトや予想参加人数など、さまざまな条件を検討したうえで、最適なものを選べばよいだろう。

配布資料とプレゼン資料の共有

スライドからこまごました数字や推定値、長めの文章を削除してしまうと、スライドからは除外したが、やはり聴衆に伝えておきたい具体的な詳細情報が出てくることもあるかもしれない。そのような場合は、その情報を聴衆に配るタイミングと方法をじっくり検討してみる必要がある。発表者がスライド資料をまるごと印刷したものを聴衆に配布しているのをよく見かけるが、一般に、いったん聴衆がその印刷物に目を通し始めると、発表者に注目しなくなるのにそれほど時間はかからない。

聴衆の人数や部屋のレイアウトによっては、参照が必要になる箇所が来る直前に資料を配布することも可能だ。その配布資料をプレゼン全体を通して使用する場合や、最初に資料を配布したほうが都合がよい場合は、プレゼンのどの段階で参照する予定か、なぜその資料が必要なのかを聴衆にきちんと伝えておこう。そうすれば、配布資料をじっくり読むべきタイミングが来るまでは、聴衆が資料を見ないようにすることができるかもしれない。

私のいう配布資料とは、論文そのもののコピーといったものとはまったく異なる。詳細な表がひとつか2つ、あるいは方程式を1ページ分だけといった簡単なものだ。大量の情報が必要な場合は、ページ番号を活用すると便利だ。配布資料にページ番号を振っておけば、聴衆に参照してほしい箇所をすぐに示せる。配布資料に載せるのは、聴衆の理解に本当に必要だと思われる詳細情報だけにしよう。そうすれば、聴衆が発表者に耳を傾けることなく配布資料をじっくり読んでしまう危険を最小限に抑えられるだろう。配布資料は便利なものではあるが、先に述べた指針を貫き通してほしい。聴衆の注意を資料の重要ポイントに向けさせ、くれぐれも資料を聴衆の膝のうえで眠らせておくなんてことがないようにしよう。口頭で話す内容とスクリーンに映す内容を配布資料の詳細情報と統合し、両者のあいだに美的統一感を保つこと。

また、プレゼンで使う最後のスライドのうしろに、複雑で詳細な情報を盛り込んだスライドを追加する手もある。このような「付録」スライドは、とくに補足説明や詳細情報が必要になりそうな質問（第1章のワークシートのセクション10を思い出してほしい）が出そうな場合に効果がある。プレゼンの最中にこの追加資料を参照する必要が生じれば、いつでも、それまで映していたスライドを一時中断して、この付録スライドを映せばいい。多くのプレゼンツールには、クリックするだけで目的のスライドへ移動できるリンクを挿入する機能がある。LaTeXベースのBeamerツールを使えばとくに簡単にできるが、PowerPointの場合は、［ハイパーリンク］メニューの［このドキュメント内］オプションを使うことで、リンクを挿入できる。

発表者の多くは、プレゼン終了後にスライドを公開したいと考えている。参加者にはプレゼン内容を思い出してもらい、参加しなかった人にはその概要を知ってもらいたいからだ。本書の提案「テキストを減らし、画像を増やす」を受け入れた場合、プレゼンテーションを聞かなかった人は、スライドを見ただけでは、どういう内容だったのかを理解するのに苦労することになるだろう。私の友人は、出席できなかったプレゼンのスライドを送ってほしいと発表者に依頼した。発表者は喜んで友人にスライドを送ったが、それは山と犬の写真ばかりで、テキストはほんのわずかしかなかった。友人は「このスライドはあまり参考になりません」とメールに書いて発表者に送った。すると、しゃれっ気たっぷりのこんな返事が届いたそうだ。「それなら、今度は講演を聞きに来てくださいね」。本来互換性のない２つの目的にかなうプレゼンを作成する、という魔法のような解決策はない――そんなうまい話はないのだ。とはいえ、このような非互換性に対処する方法がないわけではない。ただし、手間がかかる。つまり、２つの別個のプレゼン資料を作成するのだ。ひとつは聴衆にプレゼンするために使い、もうひとつはプレゼンに参加しなかった人たちに伝えるために使用する。もう少し簡単な方法もある。参考文書をつくってスライドといっしょに渡すのだ。参考文書には、スライドには書かれていないがプレゼンで話した情報を書き込む。

この２つの形式を統合したい場合は、プレゼンソフトの［ノート］機能を使うのがいいだろう。プレゼン内容を確認するためのメモの代わりに、追加のテキストと詳細情報を書き込めば、読者向けのコメントを多めに残せる。プレゼンで使うスライドをそのまま共有するつもりなら、スライドの横にテキストボックスを配置することもできる。プレゼン時にはスクリーンに表示されないが、読者がパソコンでファイルを開くと表示されるというわけだ（**図 9.3**）。

プレゼンで実際に使用したスライドを共有するのではなく、読者用に別の文書を作成するという手もある。文書にスライドを貼り付け、その周囲にテキストを追加すればいい。ワープロソフトを使えば簡単だ。PowerPoint で作成する場合は、［印刷］メニューの［ノート］オプションを使う。これを出力すれば、スライド画像の下にメモが追加された文書が作成される。さらに、ワープロソフトと同じようにメモの書式設定も可能だ。ファイルを PDF として保存（「印刷」）すると、より統一感のある文書を読者に渡せる。

最後に紹介する方法は、テキストを入力したり、デザインし直すのではなく、実際のプレゼンテーションを音声や動画で記録し、それを組み

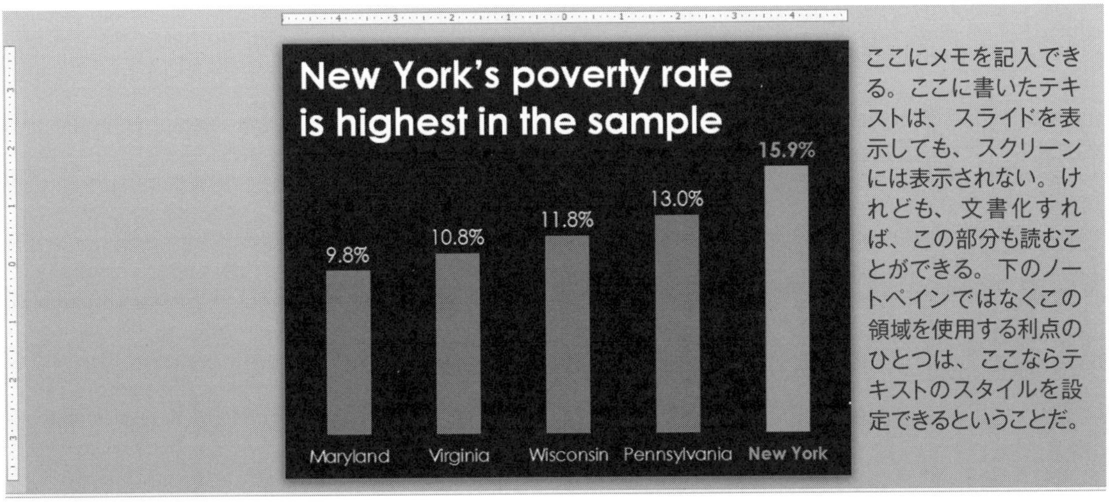

このノートペインにも、メモを記入できる。

図9.3　メモや注釈をノートペイン内か、スライドの横に追加する

合わせたものを配布するかネットにアップロードするというものだ（そのことを聴衆に知らせておこう）。その場合、いったんその音声または動画のついたプレゼン資料を配布したりネットにアップロードしたりすると、際限なく拡散してしまう可能性がある。この方法を使う場合は、高音質の音声ファイルを作成する録音ツールがほしくなるかもしれない。私はというと、ノートパソコンやスマートフォンに入っているソフトウェアでも十分な品質の音声や動画を記録できているので、それで満足している。

▼▼▼▼▼

せっかく時間をかけて発表内容やスライド資料を用意したのだから、その努力を無駄にすることがないように、しっかり事前準備しておこう。パソコンの不要なプログラムと通知機能をオフにし、必要なコードやアダプターを確認する。あとは必要なものをカバンに詰めて、自分自身の身支度をする。繰り返すが、早めに到着することが大切だ。早く到着すれば、機器のセッティングもできるし、会場に慣れてもおける。まだ緊張しているかもしれないが、早めに着いて機器をセッティングしておけば、いちおうきちんと動作するだろうという確信がもてるので（あくまで、自分の能力のおよぶ範囲でしかないが――いつだって予期せぬ不具合はあるものだ）、プレゼンテーションを効果的に実施することに集中できる。

「セッティング」について覚えておくべき3つのこと

1. 可視化：プレゼンで使うスクリーンやプロジェクターの種類などの情報を前もって手に入れておくこと。ワイドタイプのプロジェクターで4:3のスライドを映すことになっても、致命的というほどではないが、事前にワイドスクリーンを使うことがわかっていれば、それに応じたスライドを作成できる。

2. 統一：配布資料を使う場合は、その外観（と内容！）をスライド資料や話す予定の内容と一致させること。

3. 集中：機器に必要なものを準備すること。自分のパソコンに必要なアダプターや入力端子の種類を確認し、プレゼン会場に持参すべきものを把握しておくこと。

結論

プレゼンテーションで聴衆とコミュニケーションをとるには、スライドからテキストや箇条書きや込み入った図表を減らし、ビジュアル要素を増やすことが、効果的で効率的な方法だ。本書を読んで、そのことを納得してもらえたと思う。スライドがあまりに多くの文章や数字や線で埋めつくされていると、聴衆はそれらを理解するのにかなりの負担を強いられる。スライドの細部にばかり気をとられ、発表者の話にあまり注意を払わなくなる。具体的な詳細情報を伝えるには、紙の論文のほうが適している。

今後、プレゼンの準備に取りかかるときは、パソコンに駆け寄ってプレゼンソフトを起動し、いきなり入力し始めないこと。まずは、プレゼンでどんなメッセージを聴衆に伝えたいのか、その内容をどのような方法で伝えたいのか、じっくり考えてほしい。そのメッセージに対して聴衆に何をしてもらいたいのかをはっきり自覚し、論文では得られないものを聴衆に伝える手段として、プレゼンテーションを活用しよう。プレゼンは、文書ではかならずしも得られない何かを聴衆に伝える絶好の機会だ。その何かとは、ほかならぬあなた自身だ。

だから、以下のことを忘れないようにしよう。

可視化：データがぎっしり詰まった統計表から、セクションの区切りとなるヘッダースライドまで、コンテンツをできるかぎり可視化すること。ビジュアルとして提示すると、聴衆はその内容を認識・記憶する可能性がはるかに高くなる。

統一：口頭で話す内容とスライドに映す内容を統一すること。スライドのデザインとプレゼンテーションのスタイルに一貫性をもたせよう。そうすれば、あるスライドやセクションから次のスライドやセクションへ移動するときに、聴衆が費やす精神的なエネルギー量を減らせる。その結果、聴衆が発表者や発表内容、メッセージにかかわる時間が長くなる。

集中：聴衆の注意をそれぞれのポイント、それぞれの数字、持ち帰ってほしいそれぞれの事実に集中させること。すべてを一度に提示する必要はない。何を見るか、それをいつ見るかを、聴衆の注意を必要なポイントに集中させることによってコントロールしよう。

プレゼンテーションは、学術論文や調査報告書、ブログ投稿などの形で公開される文書とは根本的に異なるコミュニケーション手段だ。聴衆を連れて、プレゼンの旅へと出かけよう。そうすれば、聴衆は発表者とそのプレゼンテーションを記憶にとどめ、プレゼン内容にもとづいて行動するようになるだろう。

読書案内

プレゼンテーションのデザインと実践のスキルをさらに磨きたい場合は、多くのすぐれた書籍やブログやツールが利用できる。色、フォント、データ可視化に関連するツールについては、すでに本書でその一部を紹介しておいた。最新のリストは、本書の参考サイト（www.policyviz.com/better-presentations）にある。ここでは、プレゼンのスキルとデザインに関する本のなかから、私のお気に入りの本を少し紹介しておこう。本書の参考サイトには、プレゼンのデザインに関する素材サイトも追加してある。

マイケル・アリー：アリーは『The Craft of Scientific Presentations〔科学的プレゼンテーションの技術〕』[1]で、科学的プレゼンテーションの実践に対する独特のアプローチを展開している。そのアプローチに関しては、心理学、神経科学、教育分野から集められた数多くの科学的エビデンスが列挙されている。

リック・アルトマン：アルトマンの『Why Most PowerPoint Presentations Suck and How You Can Make Them Better〔ほとんどのPowerPointプレゼンが最低な理由と、それをうまくやる方法〕』[2]は、どの本よりもくわしくPowerPointを解説した本で、PowerPointですぐれたプレゼンを作成するための詳細な手順と方法が示されている。また、ビフォーアフター式の改良例も数多く掲載されている。

スコット・バークン：バークンはイノベーションと創造性に関する本を数多く著している。そのうちの1冊、『パブリックスピーカーの告白』[4]は、彼の実用的なプレゼン実践テクニックが述べられている。この本はスライドのデザインではなく、プレゼンの実践に焦点を当てた本だ。緊張のほぐし方、手ごわい聴衆の対処法、問題が生じた場合の解決策などが取り上げられている。

マット・カーター：カーターの『Designing Science Presentations: A Visual Guide to Figures, Papers, Slides, Posters, and More〔科学プレゼンのデザイン：図、論文、スライド、ポスターなどの視覚的ガイド〕』[12]は、科学に関するプレゼンテーションについての数少ない本の1冊で、科学的情報をさまざまな形式で表示する方法についてのすぐれた洞察が述べられている。

ナンシー・デュアルテ：『slide:ology［スライドロジー］』[21]と『Resonate〔共鳴する〕』[22]（それから、あまり知られていないが、『Harvard Business Review Guide to Persuasive Presentations〔ハーバードビジネスレビュー 説得力のあるプレゼンテーションのためのガイド〕』[23]）など、プレゼンスキルとデザインに関する数冊の本の著者。デュアルテの本は、プレゼン分野における現代の古典だ。彼女の本はおもに、よりよいスライドを作成し、よりよいプレゼンを実践する方法について述べられている。

カーマイン・ガロ：ガロの『スティーブ・ジョブズ 驚異のプレゼン』[28]は、Appleの共同創設者のプレゼンテーションをくわしく分析している。ジョブズのアプローチとデザインが効果的に情報を提示するすぐれた方法であることが示され、その方法を適用すれば読者のプレゼンも改善できることが述べられている。『TED驚異のプレゼン』[29]では、成功を収めた何百ものTEDトークに共通する戦略が分析される。最新の著書『ビジネスと人を動かす驚異のストーリープレゼン』[30]は、ビジネスリーダーと講演者のストーリーテリング戦略を扱っている。

スティーヴン・コスリン：認知神経科学者コスリンには、心理学とコミュニケーションに関する数冊の著作がある。その一冊、『Better PowerPoint〔ベターPowerPoint〕』[46]は、作成済みのプレゼン資料をすばやく改良する方法と、これから作成するプレゼン資料を向上させる方法について書かれている。

ガー・レイノルズ：レイノルズは現代の古典、『プレゼンテーションZEN』[64]、『プレゼンテーションZENデザイン』[65]、『The Naked Presenter〔裸のプレゼンター〕』[63]の著者。彼の本は、基本的なプレゼンのスキルとデザインに焦点が当てられている。シンプルですっきりしたスライドの提唱者である彼は、情報を効果的に提示する方法をビフォーアフター式の実例を用いて説明している。

エコー・スウィンフォード、ジュリー・ターバーグ：彼らの『Building PowerPoint Templates〔PowerPointテンプレートの制作〕』[76]は、PowerPointでテーマやテンプレートを作成する方法について書かれた最良の本だと思う。この本は、PowerPointのプレゼン資料を、共同制作者どうしや組織全体で共有しながら、一貫したブランド設定とデザインで制作する方法を教えてくれる。

ロビン・ウィリアムズ：彼の『ノンデザイナーズ・デザインブック』[80]はデザインの入門書だ。色やフォント、レイアウトをはじめとする、デザインの諸側面についての概説書が必要な人には最適な1冊だ。

参考文献

追加の参考文献は、本書の参考サイト（www.policyviz.com/better-presentations）にある。

[1] Alley, Michael. 2013. *The Craft of Scientific Presentations: Critical Steps to Succeed and Critical Errors to Avoid.* New York: Springer.

[2] Altman, Rick. 2012. *Why Most PowerPoint Presentations Suck and How You Can Make Them Better.* Pleasanton, CA: Harvest.

[3] Aron, Laudan Y., Lisa Dubay, Elaine Waxman, and Steven Martin. 2015. *To Understand Climbing Death Rates Among White Americans, Look to Women* (blog). *The Urban Institute.* November 10, 2015.
http://www.urban.org/urban-wire/understand-climbing-death-rates-among-white-americans-look-women

[4] Berkun, Scott. 2011. *Confessions of a Public Speaker.* Sebastopol, CA: O'Reilly Media.
〔スコット・バークン『パブリックスピーカーの告白：効果的な講演、プレゼンテーション、講義への心構えと話し方』酒匂寛訳、オライリージャパン、2010〕

[5] Bernstein, Lenny and Joel Achenbach. 2015. "A Group of Middle-Aged Whites in the U.S. Is Dying at a Startling Rate." *Washington Post,* November 2, 2015.

[6] Borkin, Michelle, Krzysztof Z. Gajos, Amanda Peters, Dimitrios Mitsouras, Simone Melchionna, Frank J. Rybicki, Charles L. Feldman, and Hanspeter Pfister. 2011. "Evaluation of artery visualizations for heart disease diagnosis" *Visualization and Computer Graphics, IEEE Transactions* 17(12): 2479-88.

[7] Bureau of Labor Statistics. 2016a. "Labor Force Statistics from the Current Population Survey." Extracted May 2016.
http://www.bls.gov/cps/

[8] ——. 2016b. "Job Openings and Labor Turnover Survey." Extracted May 2016.
http://www.bls.gov/jlt/

[9] Cairo, Alberto. 2012. *The Functional Art: An Introduction to Information Graphics and Visualization.* Berkeley, CA: New Riders.

[10] ——. 2016. *The Truthful Art: Data, Charts, and Maps for Communication.* Berkeley, CA: New Riders.

[11] Camões, Jorge. 2016. *Data at Work: Best practices for creating effective charts and information graphics in Microsoft Excel.* Berkeley, CA: New Riders.

[12] Carter, Matt. 2013. *Designing Science Presentations: A Visual Guide to Figures, Papers, Slides, Posters, and More.* London: Academic Press.

[13] Case, Anne, and Angus Deaton. 2015. "Rising morbidity and mortality in midlife among white nonHispanic Americans in the 21st century." *Proceedings of the National Academy of Sciences of the United States of America* 112 (49): 15078-83.

[14] Clark, Ruth C., and Richard E. Mayer. 2011. *E-Learning and the Science of Instruction: Proven Guidelines for Consumers and Designers of Multimedia Learning,* 3rd Edition. San Francisco, CA: Pfeiffer.

[15] College Board. 2015. *Trends in College Pricing 2015.*
http://trends.collegeboard.org/sites/default/files/trends-college-pricing-web-final-508-2.pdf

[16] Congressional Budget Office. 2014. "An Update to the Budget and Economic Outlook: 2014 to 2024."
https://www.cbo.gov/publication/45653

[17] Cuddy, Amy J.C., Caroline A. Wilmuth, and Dana R. Carney. 2012. "The Benefit of Power Posing Before a High-Stakes Social Evaluation." *Harvard Business School Working Paper No. 13-027.* September.

[18] Cuddy, Amy. 2015. *Presence: Bringing your Boldest Self to your Biggest Challenges.* New York: Little, Brown.

[19] Dehaene, Stanislas. 2009. *Reading in the Brain: The New Science of How We Read.* New York: Penguin.

[20] Driskell, James E., Carolyn Copper, and Aidan Moran. 1994. "Does Mental Practice Enhance Performance?" *Journal of Applied Psychology* 79 (4): 481.

[21] Duarte, Nancy. 2008. *Slide:ology: The Art and Science of Creating Great Presentations.* Sebastopol, CA: O'Reilly Media.
〔ナンシー・デュアルテ『slide:ology［スライドロジー］：プレゼンテーション・ビジュアルの革新』熊谷小百合訳、ビー・エヌ・エヌ新社、2014〕

[22] ——. 2010. *Resonate: Present Visual Stories that Transform Audiences.* Hoboken, NJ: Wiley.

[23] ——. 2012. *HBR Guide to Persuasive Presentations (HBR Guide Series).* Boston, MA: Harvard Business Review Press.

[24] Evergreen, Stephanie. 2016. *Effective Data Visualization: The Right Chart for the Right Data.* Thousand Oaks, CA: Sage.

[25] Few, Stephen. 2007. "Save the Pies for Dessert." *Visual Business Intelligence Newsletter* (August).
https://www.perceptualedge.com/articles/visual_business_intelligence/save_the_pies_for_dessert.pdf

[26] ——. 2009. *Now You See It: Simple Visualization Techniques for Quantitative Analysis.* Oakland, CA: Analytics Press.

[27] ——. 2012. *Show Me the Numbers: Designing Tables and Graphs to Enlighten,* 2nd edition. Burlingame, CA: Analytics Press.

[28] Gallo, Carmine. 2011. *The Presentation Secrets of Steve Jobs: How to Be Insanely Great in Front of Any Audience.* New York: McGraw Hill.
〔カーマイン・ガロ『スティーブ・ジョブズ 驚異のプレゼン：人々を惹きつける18の法則』井口

耕二訳、日経BP社、2010〕

[29] ——. 2015. *Talk Like TED: The 9 Public-Speaking Secrets of the World's Top Minds.* New York: St. Martin's Griffin.
〔カーマイン・ガロ『TED驚異のプレゼン：人を惹きつけ、心を動かす9つの法則』土方奈美訳、日経BP社、2014〕

[30] ——. 2016. *The Storyteller's Secret: From TED Speakers to Business Legends, Why Some Ideas Catch On and Others Don't.* New York: St. Martin's.
〔カーマイン・ガロ『ビジネスと人を動かす驚異のストーリープレゼン：ビジネスと人を動かす驚異のストーリープレゼン』井口耕二訳、日経BP社、2016〕

[31] Gapminder. 2016. "Data in a Gapminder World"
http://www.gapminder.org/data/

[32] Garner, Joanna K., Michael Alley, Allen F. Gaudelli, and Sarah E. Zappe. 2009. "Common Use of PowerPoint versus the Assertion-Evidence Structure: A Cognitive Psychology Perspective" *Technical Communication* 56 (4): 331-45.

[33] Gegenfurtner, Karl R., Lindsay T. Sharpe, and B.B. Boycott. 2001. *Color Vision: From Genes to Perception.* New York: Cambridge University Press.

[34] Gordon, Michael S., Meredyth Daneman, and Bruce A. Schneider. 2009. "Comprehension of Speeded Discourse by Younger and Older Listeners" *Experimental Aging Research* 35: 277-96.

[35] Groeger, Lena. 2016. "How Typography Can Save Your Life." *ProPublica.* May 11.
https://www.pro-publica.org/article/how-typography-can-save-your-life

[36] Hartley, James and Ivor K. Davies. 1978. "Note-taking: A critical review." *Programmed Learning and Education Technology* 15(3): 207-24.

[37] Healey, Christopher G., and James T. Enns. 2012. "Attention and Visual Memory in Visualization and Computer Graphics." *IEEE Transactions on Visualization and Computer Graphics* 18(7): 1170-88.

[38] Heath, Chip, and Dan Heath. 2007. *Made to Stick.* New York, NY: Random House.
〔チップ・ハース、ダン・ハース『アイデアのちから』飯岡美紀訳、日経BP社、2008〕

[39] Hoffler, Alan. 2015. *Presentation Sin: The Practical Guide to Stop Offending (and Start Impressing) Your Audience.* MillsWyck Communications, Kindle edition.

[40] Johnstone, A.H. and F. Percival. 1976. "Attention Breaks in Lectures." *Education in Chemistry* 13(2): 49-50.

[41] Kahneman, Daniel. 2013. *Thinking, Fast and Slow.* New York, NY: Farrar, Straus and Giroux.
〔ダニエル・カーネマン『ファスト&スロー：あなたの意思はどのように決まるか？』（上・下）村井章子訳、早川書房、2012〕

[42] Kawasaki, Guy. 2015. "The Minimalist Guide to Pitching." LinkedIn. (July 27).
https://www.linkedin.com/pulse/minimalist-guide-pitching-guy-kawasaki

[43] King, Elizabeth M., and Rebecca Winthrop. 2015. "Today's Challenges for Girls' Education." *Global Economy and Development Working Paper No. 90.* Global Economy and Development, The Brookings Institution.

[44] Kirk, Andy. 2016. *Data Visualisation: A Handbook for Data Driven Design.* Thousand Oaks, CA: Sage.

[45] Kosara, Robert, and Drew Skau. 2016. "Judgment Error in Pie Chart Variations." *Short Paper Proceedings of the Eurographics/IEEE VGTC Symposium on Visualizations (EuroVis)*: 91-95.

[46] Kosslyn, Stephen. 2010. *Better PowerPoint (R): Quick Fixes Based On How Your Audience Thinks.* New York: Oxford University Press.

[47] Mackiewicz, Jo. 2006. "Audience Perceptions of Fonts in Projected PowerPoint Text Slides." *International Professional Communication Conference*: 68-76.

[48] Mayer, Richard. 2009. *Multimedia Learning.* New York: Cambridge University Press.

[49] McKeachie, Wilbert J. 1999. *McKeachies Teaching Tips: Strategies, Research, and Theory for College and University Teachers,* 10th edition. Boston, MA: Houghton Mifflin Company.

[50] Medina, John. 2014. *Brain Rules: Twelve Principles for Surviving and Thriving at Work, Home and School,* 2nd edition. Seattle, WA: Pear Press.
〔ジョン・メディナ『ブレイン・ルール』小野木明恵訳、NHK出版、2009〕

[51] Meirelles, Isabel. 2013. *Design for Information: An Introduction to the Histories, Theories, and Best Practices Behind Effective Information Visualizations.* Beverly, MA: Rockport.

[52] Miller, George A. 1956. "The Magical Number Seven, Plus or Minus Two: Some Limits on Our Capacity for Processing Information." *Psychological Review* 63 (2): 81-97.

[53] NASA Ames Research Center. No date. "Designing with Luminance Contrast." *Color Usage Research Lab.*
http://colorusage.arc.nasa.gov/design_lum_o.php

[54] Noar, Adam. 2012. *Slides Made Simple,* 2nd edition. E-book.
http://presentationpanda.com/book/

[55] Nussbaumer Knaflic, Cole. 2015. *Storytelling with Data: A Data Visualization Guide for Business Professionals.* Hoboken, NJ: Wiley.
〔コール・ヌッスバウマー・ナフリック『Google流資料作成術』村井瑞枝訳、日本実業出版社、2017〕

[56] Paivio, Alan. 1986. *Mental Representations: A Dual Coding Approach.* Oxford: Oxford University Press.

[57] ——. 1991. *Images in Mind: The Evolution of a Theory.* New York: Harvester Wheatsheaf.

[58] Paradi, David. 2015. "Results of the 2015 Annoying PowerPoint survey."
http://www.thinkoutside-theslide.com/free-resources/latest-annoying-powerpoint-survey-results/

[59] Peterson, David. "Why Does the Rule of Thirds Work?" *Blog Post.*
http://www.digital-photo-secrets.com/tip/2742/why-does-the-rule-of-thirds-work/

[60] Plass, Jan L., Steffi Heidig, Elizabeth O. Hayward, Bruce D. Homer, and Enjoon Um. 2014. "Emotional design in multimedia learning: Effects of shape and color on affect and learning." *Learning and Instruction* 29: 128-40.

[61] Presentitude. 2014. "What Size Slide Should You Use?" November.
http://presentitude.com/slide-size-use/

[62] Reynolds, Garr. 2008. "Slides (PDF) from Safari Webcast."
http://www.slideshare.net/garr/slides-in-pdf-from-safari-Webcast-presentation/12-How_to_thinklike_a_

designerand
[63] ——. *2010. The Naked Presenter: Delivering Powerful Presentations With or Without Slides.* Berkeley, CA: New Riders.
[64] ——. 2011. *Presentation Zen: Simple Ideas on Presentation Design and Delivery,* 2nd edition. Berkeley, CA: New Riders.
〔ガー・レイノルズ『プレゼンテーションZEN 第2版』熊谷小百合訳、ピアソン桐原、2012；丸善出版、2014〕
[65] ——. 2013. *Presentation Zen Design: Simple Design Principles and Techniques to Enhance Your Presentations,* 2nd edition. Berkeley, CA: New Riders.
〔ガー・レイノルズ『プレゼンテーションZENデザイン』熊谷小百合訳、ピアソン桐原、2010；丸善出版、2014〕
[66] Rogowitz, Bernice E., and Lloyd A. Treinish. 1996. "What Should Engineers and Scientists Be Worried About Color?" *IBM Research Center.*
http://www.research.ibm.com/people/l/lloydt/color/color.HTM
[67] Rouder, Jeffrey N., Richard D. Morey, Nelson Cowan, Christopher E. Zwilling, Candice C. Morey, and Michael S. Pratte. 2008. "An assessment of fixed-capacity models of visual working memory." *Proceedings of the National Academy of Sciences* 105 (16): 5975-79.
[68] Skau, Drew and Robert Kosara. 2016. "Arcs, Angles, or Areas: Individual Data Encodings in Pie and Donut Charts." Computer Graphics Forum (Proceedings EuroVis). 35(3): 121-30.
[69] Social Security Administration. 2011. "Fast Facts & Figures About Social Security, 2011." *Social Security Administration* (August).
http://www.ssa.gov/policy/docs/chartbooks/fast_facts/2011/fast_facts11.pdf
[70] ——. 2016. "Annual Statistical Supplement to the Social Security Bulletin, 2015." *Social Security Administration* (April).
https://www.ssa.gov/policy/docs/statcomps/supplement/2015/
[71] Social Security Advisory Board. 2012. "Aspects of Disability Decision Making: Data and Materials." *Social Security Administration* (February).
http://www.lb7.uscourts.gov/documents/1-11-CV-00224.pdf
[72] Song, Hyunjin, and Norbert Schwarz. "If It's Hard to Read, It's Hard to Do: Processing Fluency Affects Effort Prediction and Motivation." *Psychological Science* 19 (10): 986-8.
[73] Spiekermann, Erik and E.M. Ginger. 2003. *Stop Stealing Sheep and Find Out How Type Work.* 2nd ed. Berkeley, CA: Adobe.
[74] Stone, Maureen. 2006. "Choosing Colors for Data Visualization." BeyeNetwork Newsletter (January 17).
http://www.b-eye-network.com/newsletters/ben/2235
[75] ——. 2013. *A Field Guide to Digital Color.* Boca Raton, FL: CRC Press.
[76] Swinford, Echo, and Julie Terberg. 2012. *Building PowerPoint Templates: Step by Step with the Experts.* Indianapolis, IN: Que.

[77] Treisman, Anne. 1985. "Preattentive processing in vision." *Computer Vision, Graphics, and Image Processing* 31(2): 156-77.

[78] Tufte, Edward. 2001. *The Visual Display of Quantitative Information,* 2nd edition. Cheshire, CT: Graphics Press.

[79] U.S. Census Bureau. *Current Population Survey, 2011 to 2014 Annual Social and Economic Supplements.*
http://www.census.gov/library/publications/2014/demo/p60-249.html

[80] Williams, Robin. 2014. *The Non-Designers Design Book,* 4th edition. Berkeley, CA: Peachpit.
〔ロビン・ウィリアムズ『ノンデザイナーズ・デザインブック 第4版』吉川典秀訳、マイナビ出版、2016〕

[81] Wong, Dona. 2010. *The Wall Street Journal Guide to Information Graphics: The Dos and Don'ts of Presenting Data, Facts, and Figures.* New York: Norton.
〔ドナ・ウォン『ウォールストリート・ジャーナル式 図解表現のルール』村井瑞枝訳、かんき出版、2011〕

訳者あとがき

毎年年末になると、ある程度の時間をかけて年賀状をつくる。以前は、ゴム板を彫ったり、写真をはがきサイズの印画紙に焼きつけたりと、かなり手間のかかる作業をしていた時期もあったが、ここ数年は、もっぱらインターネットで見つけたフリー素材に少しばかり手を加え、その画像をプリンターで印刷するだけで済ましている。宛名書きも、住所録のデータを呼び出し、毛筆調のフォントでプリントすれば、それでおしまい。個別にひとこと添えることさえしない。そんな具合だから、年賀状作成にかける「ある程度の時間」は短くなる一方だ。はたして、これは進歩だろうか。個人的には明らかに手抜きであるが、その手抜きを可能にしたのはテクノロジーの進歩である。そういえば、年賀状の歴史には、「プリントゴッコ」という革新的な家庭用簡易印刷機もあった。「年賀状といえば、プリントゴッコ」という時代が確かにあったのだ。

プレゼンテーションの歴史もテクノロジーの進歩とともにある。模造紙にマジックというローテク時代からスライド時代を経て、OHP（オーバーヘッドプロジェクター）が全盛期を迎える。そして今は「プレゼンといえば、パワポ」という時代で、PowerPointに代表されるプレゼンソフトやツールで作成した「スライド」という名のプレゼン資料が、プレゼンとほぼ同義で語られもしている。もちろん、本書もそうした時代の産物にほかならない。いずれパワポ時代も終わりを告げるだろうが、以前の時代のノウハウが今のプレゼン術のあちこちに活かされているように、本書の内容にも、時の流れに埋もれてしまわない何かが必ずあるはずだ。

本書はプレゼンテーションの「立案」「制作」「実施」の3部からなり、現在のプレゼンに関する作業工程全体を概観し、検討し直せる構成になっている。しかし、なんといっても本書の中心は、第Ⅱ部「プレゼンテーションの制作」の各章だ。これらの章では、スライドの種類ごとに豊富な実例を使ってくわしい解説がなされており、実践の役に立つ。なかでも、多様なグラフを扱った第5章「データ可視化スライド」は、熟読に値する。プレゼンの巧拙の差が露呈しやすいのが、このグラフなのだ。ここでグラフを効果的に提示する方法の基礎を身につけておけば、その応用としてグラフをインフォグラフィック化し、さらに高度なデザイン可視化を実現することも容易になるだろう。

著者の経験に裏打ちされたノウハウの数々は、初歩的なものからかなり専門的なものまで多岐にわたるが、その効果のほどを心から実感するには、何度もプレゼンを実践し、失敗を重ねるという経験が不可欠に思われる。見栄えのよいスライドをつくることと、それが実際のプレゼンの場で効果的に機能するかどうかは、まったく別の問題だからだ。その意味では、本書は初心者向きでない。とはいえ、内容自体が難しいわけではないので、プレゼン経験の浅い人でもとりあえず通読してみることをおすすめする。そのうえで、経験を積み、思いどおりにいかない点があれこれ出てきたときに、あらためて関連箇所を読み返すというのが本書の有効な活用法ではないだろうか。

本書にも語られているとおり、最近のプレゼンソフトには至れり尽くせりの（見方によってはおせっかいな）機能が搭載されている。私のようなものぐさユーザーにとってはじつにありがたいことだが、それでも結局、色やフォントなどの基本的選択は自分でするしかない。その自由がせっかく残されているのだから、少しは本書で学びつつ、楽しみながらやりたいものだ。

2019年師走　年賀状をつくり終えて

小川浩一

監訳者解説

研究発表会や学会において他人のプレゼンを聴いたとき、良いプレゼンだと感じるものから、興味はあるけど理解できないもの、聴きたいとすら感じないものまでさまざまなものに出会うだろう。良いプレゼンとはなんだろうか。もちろん、内容に学問的価値があることは必須条件であるが、本書ではそれ以外に4つの要素を紹介している。1つ目は、第一声、あるいは最初のスライドでいかに聴衆を惹きつけるか、2つ目は、わかりやすいストーリー展開、3つ目は、発表スライドが見やすいこと、そして最後の4つ目は講演自体や使用する機器類に関する準備である。プレゼンターは、これらの4つのスキルをバランスよく磨かなければならない。

これらのスキルを体系的に学ぶ機会は少なく、研究室に脈々と受け継がれている正しいのかどうか怪しいものを習得せざるをえないことも少なくない。プレゼンに関する数ある参考書も、各スキルがそれぞれ1冊の本になっていることが多く、体系的に理解することは難しい。そのような中で、本書は、立案から準備、作成、発表まで技術の解説が一冊の中に網羅されている。「すべては聴衆のために」という一貫した哲学のもと体系的に各スキルがまとめられている。日本語で読める本の中では、このような本は非常に珍しい。さらに、本書には、日常的にプレゼンを行なう研究者人生を通じて役に立つ多くの金言が散りばめられている。プレゼン資料の「デザイン」についての本を出版してきた我々にとっても、印象深い言葉の数々であった。

研究業界では、プレゼン資料の見た目を工夫することに理解のない人が少なくない。おそらく、中身さえしっかりして入れれば見た目なんてどうでもいい、あるいは、見た目を工夫すれば、中身が疎かになると考える人がいるためだろう。しかしながら実際には、見た目の良くないプレゼン資料は、コミュニケーションを妨げ、中身の伝達効率や伝達の精度を低下させてしまう。このような状況を打開し、科学の健全な発展を促すため重要な一歩は、本書で述べているように、プレゼンターが「情報伝達の仕組みを理解し、デザインこそが情報伝達に役立つという事実を認識すること」だろう。本書を通じてプレゼンテーションに必要が知識やスキルが普及することを期待している。

本書は原著『Better Presentations: A Guide for Scholars, Researchers, and Wonks』の訳書であるため、英語でのプレゼンテーションに役立つ書体の基本知識やフォントの選び方についての充分な解説はあるものの、日本語のフォントについての解説はなかった。そこで、本書の翻訳に際して、日本語での書体の選定やフォントの選択についての解説や、日本語フォントを使う場合に特有の注意点（行間の空け方や欧和混植の問題）についての解説を加えた。ここでは、日本語で資料を作るときに「これだけは知っておきたい」という重要な知識とテクニックについて解説した。すべての発表者がより良いプレゼンテーションを自信をもってできるようになるために、本書が全国各地で活躍することを監訳者として祈っている。

監訳者　高橋佑磨・片山なつ

索引

数字

アルファベット

あ

か

さ

た

な

は

ま

や

ら

わ

著者紹介

ジョナサン・シュワビッシュ

非営利研究機関アーバン・インスティテュートのシニア・フェロー。専門はデータ可視化とプレゼンテーションデザイン。ジョージタウン大学やアメリカン大学、ニューヨーク州立大学バッファロー校でデータ可視化とプレゼンテーションスキルの講義を担当している。また、コンサルティング会社PolicyVizの創設者でもある。PolicyVizのホームページでも熱心に情報を発信しており、その中の本書に関連するページ（https://policyviz.com/books/better-presentations/）ではワークシートやプレゼンに使えるパワーポイント素材を公開している。

監訳者紹介

高橋佑磨

千葉大学理学部 助教。1983 年、東京都生まれ。2010 年、筑波大学大学院生命環境科学研究科修了。博士（理学）。専門は進化生態学。種内に存在する多様性の進化機構や機能を研究。資料作成に必要なデザインのノウハウを普及することを目的にウェブページ「伝わるデザイン」を開設、運営。著書に『伝わるデザインの基本』や『伝わるデザインの基本 増補改訂版』（いずれも片山氏との共著、技術評論社）がある。

片山なつ

1983 年、京都府生まれ。筑波大学（学部）と東京大学（修士課程）を経て、2012 年、金沢大学大学院自然科学研究科生命科学専攻修了。博士（理学）。奇妙な形態をもつ水生植物を対象に、進化の遺伝的機構を研究。2010 年より「伝わるデザイン｜研究発表のユニバーサルデザイン」の運営を始める。

訳者紹介

小川浩一

1964 年、京都府生まれ。東京大学大学院総合文化研究科修士課程修了。英語とフランス語の翻訳を児童書から専門書まで幅広く手掛ける。主な訳書に『アーティストのための形態学ノート』（青幻舎）、『GRAPHIC DESIGN THEORY』（ビー・エヌ・エヌ新社）、『ティラノサウルス とびだす解剖学ガイド』（大日本絵画）などがある。

NDC400　189p　26cm

できる研究者《けんきゅうしゃ》のプレゼン術《じゅつ》

スライドづくり、話《はなし》の組《く》み立《た》て、話術《わじゅつ》

2020 年 3 月 16 日　第 1 刷発行
2024 年 4 月 18 日　第 3 刷発行

著　者　ジョナサン・シュワビッシュ
監訳者　高橋佑磨《たかはしゆうま》・片山《かたやま》なつ
訳　者　小川浩一《おがわこういち》
翻訳協力　株式会社 トランネット
発行者　森田浩章
発行所　株式会社 講談社
〒 112-8001　東京都文京区音羽 2-12-21
販　売　(03) 5395-4415
業　務　(03) 5395-3615
編　集　株式会社 講談社サイエンティフィク
代表　堀越俊一
〒 162-0825　東京都新宿区神楽坂 2-14　ノービィビル
編　集　(03) 3235-3701
D T P　株式会社 エヌ・オフィス
印刷所　株式会社 平河工業社
製本所　株式会社 国宝社

落丁本・乱丁本は，購入書店名を明記のうえ，講談社業務宛にお送りください．送料小社負担にてお取替えいたします．なお，この本の内容についてのお問い合わせは，講談社サイエンティフィク宛にお願いいたします．
定価はカバーに表示してあります．

Printed in Japan

ISBN 978-4-06-518724-1

講談社の「できる研究者」シリーズ

できる研究者の論文生産術

どうすれば「たくさん」書けるのか

ポール・J・シルヴィア・著／高橋さきの・訳

四六・192頁・定価1,980円　ISBN978-4-06-153153-6

全米で話題の「How to Write a Lot」待望の邦訳！　いかにして多くの本や論文を執筆するかを軽快に解説。雑用に追われている研究者はもちろん、アカデミックポストを目指す大学院生も必読！　人生が変わる。

主な内容

第1章　はじめに
第2章　言い訳は禁物――書かないことを正当化しない
第3章　動機づけは大切――書こうという気持ちを持ち続ける
第4章　励ましあうのも大事――書くためのサポートグループをつくろう
第5章　文体について――最低限のアドバイス
第6章　学術論文を書く――原則を守れば必ず書ける
第7章　本を書く――知っておきたいこと
第8章　おわりに――「まだ書かれていない素敵なことがら」

できる研究者の論文作成メソッド

書き上げるための実践ポイント

ポール・J・シルヴィア・著／高橋さきの・訳

四六・272頁・定価2,200円　ISBN978-4-06-155627-0

「本当に使える文章読本」と大好評の『できる研究者の論文生産術』の続編が邦訳！　論文誌の選び方から投稿までの実践ポイントを解説した。爽快なシルヴィア節は健在で、初めて英語論文を書く大学院生に有益この上ない！

主な内容

第Ⅰ部　計画と準備
第1章　投稿する雑誌をいつどうやって選ぶのか
第2章　語調と文体
第3章　一緒に書く:共著論文執筆のヒント

第Ⅱ部　論文を書く
第4章　「序論」を書く
第5章　「方法」を書く
第6章　「結果」を書く
第7章　「考察」を書く
第8章　奥義の数々:タイトルから脚注まで

第Ⅲ部　論文を発表する
第9章　雑誌とのおつきあい:投稿、再投稿、査読
第10章　論文は続けて書く:実績の作り方

できる研究者になるための留学術

アメリカ大学院留学のススメ

是永　淳・著

四六・240頁・定価2,420円　ISBN978-4-06-517252-0

もし博士号（PhD）をとりたいのなら、もし研究が好きなら、もう、ためらっている場合ではない！　なぜアメリカでPhDをとるべきなのか、進学したらお金はどの程度かかるのか、事前にどんな準備が必要か、PhDコースの生活、英語習得術、留学のその先、etc...。あなたの知りたい“すべて”が、ここにある。マサチューセッツ工科大学でPhDを取得し、イェール大学で教鞭をとる一流研究者が、一流のワザを伝授する。伝説のWebサイト「理系留学のススメ」、待望の書籍化！

主な内容

第1章　立志編
　1−1　なぜアメリカに留学すべきなのか
　1−2　アメリカ大学院のPhDコースとは
第2章　準備編
　2−1　アプリケーション（願書）
　2−2　アプリケーション以外のアピール方法
第3章　実践編
　3−1　アメリカ大学院の傾向と対策
　3−2　欲張りな留学生と三人の指導教官――著者のPhDコース体験談
第4章　英語勉強法編
第5章　将来編

表示価格には消費税（10%）が加算されています。　「2024年3月現在」

講談社サイエンティフィク　https://www.kspub.co.jp/